"十三五"高等院校数字艺术精品课程规划教材

全彩慕课版

Photoshop CC
移动UI设计案例教程

胡金黎 朱海燕 编著

U0220179

人民邮电出版社

北 京

图书在版编目（CIP）数据

Photoshop CC 移动UI设计案例教程：全彩慕课版 / 胡金黎，朱海燕编著. -- 北京：人民邮电出版社，2020.5（2021.12重印）
"十三五"高等院校数字艺术精品课程规划教材
ISBN 978-7-115-53011-0

Ⅰ．①P… Ⅱ．①胡… ②朱… Ⅲ．①移动电话机—人机界面—程序设计—高等学校—教材②图象处理软件—高等学校—教材 Ⅳ．①TN929.53②TP391.413

中国版本图书馆CIP数据核字(2019)第274717号

内 容 提 要

本书全面、系统地介绍了移动 UI 设计的相关知识点和基本设计技巧，包括初识移动 UI 设计、移动 UI 设计规范、iOS 系统界面设计、Android 系统界面设计和 App 界面设计实战等内容。

全书内容介绍均以知识点讲解加课堂案例制作为主线。每章的知识点讲解部分使学生能够系统地了解移动 UI 设计的各类规范，案例部分可以使学生快速掌握移动 UI 设计流程并能完成案例制作。主要章节的最后还安排了课堂练习和课后习题，可以拓展学生对移动 UI 设计的实际应用能力。设计实战可以帮助学生对 App 界面设计有深入的认识，并且快速掌握制作 App 界面的规范和方法。

本书可作为高等院校、高职高专院校移动 UI 设计相关课程的教材，也可供初学者自学参考。

♦ 编　著　胡金黎　朱海燕
　　责任编辑　桑　珊
　　责任印制　王　郁　马振武
♦ 人民邮电出版社出版发行　北京市丰台区成寿寺路 11 号
　　邮编　100164　电子邮件　315@ptpress.com.cn
　　网址　https://www.ptpress.com.cn
　　北京瑞禾彩色印刷有限公司印刷
♦ 开本：787×1092　1/16
　　印张：14.75　　　　　　2020 年 5 月第 1 版
　　字数：385 千字　　　　2021 年 12 月北京第 4 次印刷

定价：69.80 元

读者服务热线：(010)81055256　印装质量热线：(010)81055316
反盗版热线：(010)81055315
广告经营许可证：京东市监广登字 20170147 号

FOREWORD —————————————— 前 言

移动 UI 设计简介

移动 UI 设计是 UI 设计的一个分支，主要是指对移动设备中的软件交互操作逻辑、用户情感化体验、界面元素美观的整体设计。从应用领域来看，移动 UI 设计主要体现在移动应用界面设计、移动端网页界面设计、微信小程序设计及 H5 设计等。移动 UI 有着独特的交互特点，因此想要从事移动 UI 设计工作的人员需要进行系统的学习。

作者团队

新架构互联网设计教育研究院由顶尖商业设计师和院校资深教授创立，立足数字艺术教育 16 年，出版图书 270 余种，畅销 370 万册，《中文版 Photoshop 基础培训教程》销量超过 30 万册。海量专业案例、丰富配套资源、行业操作技巧、核心内容把握、细腻学习安排，可以为学习者提供足量的知识、实用的方法、有价值的经验，助力设计师不断成长；为教师提供课程标准、授课计划、教案、PPT、案例、视频、题库、实训项目等一站式教学解决方案。

如何使用本书

第 1 步　精选基础知识，快速了解移动 UI 设计

Photoshop

第 2 步 知识点解析 + 课堂案例制作，熟悉设计思路，掌握制作方法

5.6 注册登录页 深入学习设计基础知识和设计规范

注册登录页是电商类、社交类等功能丰富型 App 的必要页面，其页面设计直观、简洁，并且提供第三方账号登录，如图 5-15 所示。国内常见的第三方账号有微博、微信、QQ 等，国外常见的第三方账号有 Facebook、Twitter、Google 等。

注册登录页

图 5-15　Done App（左）、智联招聘 App（中）与 36Kr App（右）注册登录页

5.7 课堂案例——制作美食到家 App

完成知识点学习后进行案例制作

了解目标和要点

【案例学习目标】学习使用不同的绘制工具绘制图形，使用图层样式添加特殊效果制作 App 界面。

【案例知识要点】使用"移动"工具移动素材，使用"椭圆"工具和"圆角矩形"工具绘制图形，使用"投影"和"渐变叠加"命令为图形添加效果，使用"置入"命令置入图片，使用"剪贴蒙版"命令调整图片显示区域，使用"横排文字"工具输入文字，效果如图 5-16 所示。

【效果所在位置】Ch05/ 效果 / 制作美食到家 App。

精选典型商业案例

1. 制作美食到家 App 闪屏页

步骤详解

（1）按 Ctrl+N 组合键，弹出"新建文档"对话框，设置宽度为 750 像素，高度为 1 334 像素，分辨率为 72 像素 / 英寸，如图 5-17 所示，单击"创建"按钮，完成文档的新建。

（2）单击"图层"控制面板下方的"创建新图层"按钮 ，在"图层"控制面板中生成新的图层"图层 1"。将背景色设为白色，按 Ctrl+Delete 组合键，为"图层 1"填充背景色，如图 5-18 所示。

扫码观看案例制作详细步骤

图 5-17　　　　　　　　　　图 5-18

第 3 步　课堂练习 + 课后习题，拓展应用能力

5.8　课堂练习——制作 Delicacy App

【练习知识要点】使用"移动"工具移动素材，使用"椭圆"工具和"圆角矩形"工具绘制图形，使用"投影"和"渐变叠加"命令为图形添加效果，使用"置入"命令置入图片，使用"剪贴蒙版"命令调整图片显示区域，使用"横排文字"工具输入文字，效果如图 5-217 所示。

【效果所在位置】Ch05/ 效果 / 制作 Delicacy App。

更多商业案例

图 5-217

扫码看视频操作

5.9　课后习题——制作美食来了 App

训练本章所学知识

【习题知识要点】使用"移动"工具移动素材，使用"椭圆"工具和"圆角矩形"工具绘制图形，使用"投影"和"渐变叠加"命令为图形添加效果，使用"置入"命令置入图片，使用"剪贴蒙版"命令调整图片显示区域，使用"横排文字"工具输入文字，效果如图 5-218 所示。

【效果所在位置】Ch05/ 效果 / 制作美食来了 App。

图 5-218

扫码看视频操作

第 4 步　循序渐进，演练真实商业项目制作过程

iOS
系统界面
设计

FOREWORD ——————————————— 前 言

Android
系统界面
设计

App 界面
设计实战

闪屏页　　　引导页　　　注册登录页　　　登录页　　　首页

配套资源及获取方式

- 所有案例的素材及最终效果文件。
- 案例操作视频，扫描书中二维码即可观看。
- 全书 5 章 PPT 课件。
- 教学大纲。
- 教学教案。

全书配套资源，读者可登录人邮教育社区 www.ryjiaoyu.com，在本书页面中免费下载使用。

全书慕课视频，登录人邮学院网站 www.rymooc.com 或扫描封底的二维码，使用手机号码完成注册，在首页右上角单击"学习卡"选项，输入封底刮刮卡中的激活码，即可在线观看视频。扫描书中二维码也可以使用手机观看视频。

教学指导

本书的参考学时为 64 学时，其中实训环节为 32 学时，各章的参考学时参见下面的学时分配表。

本书约定

章	课程内容	学时分配	
		讲授（学时）	实训（学时）
第 1 章	初识移动 UI 设计	4	
第 2 章	移动 UI 设计规范	4	
第 3 章	iOS 系统界面设计	8	8
第 4 章	Android 系统界面设计	8	8
第 5 章	App 界面设计实战	8	16
学 时 总 计		32	32

本书案例素材所在位置：章号 / 素材 / 案例名，如 Ch03/ 素材 / 制作旅游类 App 首页。

本书案例效果文件所在位置：章号 / 效果 / 案例名，如 Ch03/ 效果 / 制作旅游类 App 首页 .psd。

本书中关于颜色设置的表述，如橘黄色（207、141、55），括号中的数字分别为其 R、G、B 的值。

由于作者水平有限，书中难免存在不妥之处，敬请广大读者批评指正。

编 者

2020 年 1 月

Photoshop

CONTENTS ——————————— 目 录

—01—

第 1 章　初识移动 UI 设计

—02—

第 2 章　移动 UI 设计规范

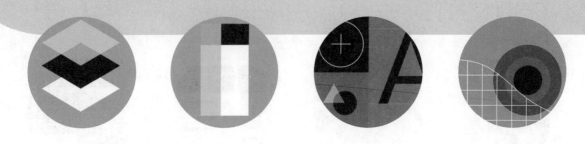

Photoshop

—03—

第 3 章　iOS 系统界面设计

CONTENTS ——————————————— 目 录

—04—

第 4 章 Android 系统界面设计

─05─

第 5 章　App 界面设计实战

第1章

初识移动 UI 设计

01

▶ **本章介绍**

　　随着 2009 年 6 月 iPhone 3GS 的发布，移动 UI 设计正式进入了设计舞台。由于移动 UI 有着独特的交互特点，因此想要从事移动 UI 设计行业的人员需要系统地学习与更新知识体系。本章对移动 UI 设计的概念、特点、原则、常用软件、学习方法及 App 的基本概念、操作平台、设计流程、基本分类进行了系统讲解。通过本章的学习，读者可以对移动 UI 设计有一个宏观的认识，有助于高效、便利地进行后续的移动 UI 设计工作。

学习目标

- 掌握 UI 设计的相关概念
- 掌握移动 UI 设计的概念
- 了解移动 UI 设计的特点
- 掌握移动 UI 设计的原则
- 熟练移动 UI 设计的常用软件
- 掌握移动 UI 设计的学习方法
- 掌握 App 的基本概念
- 了解 App 的操作平台
- 熟练 App 的设计流程
- 了解 App 的基本分类

慕课视频

1.1 认识移动 UI 设计

移动 UI 设计属于 UI 设计的一个分支，想要系统、全面地认识移动 UI 设计，需要对 UI 设计的相关概念及移动 UI 设计的概念、特点、原则、常用软件、学习方法进行学习。

1.1.1 UI 设计的相关概念

1. UI 设计

用户界面（User Interface，UI）设计是指对软件的人机交互、操作逻辑、界面美观的整体设计。优秀的 UI 设计不仅要保证界面的美观，更要保证交互设计（Interaction Design，IxD）的可用性强，用户体验（User Experience，UE/UX）的友好度高，如图 1-1 所示。

图 1-1　App 界面展示

2. UI 与 WUI 和 GUI

在设计领域，UI 被广泛分为网页用户界面（Web User Interface，WUI）和图形用户界面（Graphical User Interface，GUI）。在企业中，WUI 设计师主要从事 PC 端网页设计的工作；因为移动端包含大量的图形用户界面，GUI 设计师主要从事移动端 App 等相关界面的设计工作，如图 1-2 所示。

图 1-2　WUI（左）与 GUI（右）

3. UI 设计常用术语中英文对照

UI 设计常用术语如表 1-1 所示。

表 1-1　UI 设计常用术语

英文缩写	英文全称	中文名称
UI	User Interface	用户界面
GUI	Graphics User Interface	图形用户界面
HUI	Handset User Interface	手持设备用户界面
WUI	Web User Interface	网页用户界面
IA	Information Architect	信息架构
UX/UE	User Experience	用户体验
IxD	Interaction Design	交互设计
UED	User Experience Design	用户体验设计
UCD	User Centered Design	以用户为中心的设计
UGD	User Growth Design	用户增长设计
UR	User Research	用户研究
PM	ProductManager	产品经理

1.1.2　移动 UI 设计的概念

移动 UI 设计是 UI 设计的一个分支，主要是指针对移动设备软件的交互操作逻辑、用户情感化体验、界面元素美观的整体设计。移动 UI 设计因其设备的独特性，较其他类型的 UI 设计具有更严格的尺寸要求及手机系统限制。

从设计范畴来看，移动 UI 设计主要体现在移动应用界面设计、移动端网页界面设计、微信小程序设计及 H5 设计等，如图 1-3 所示。

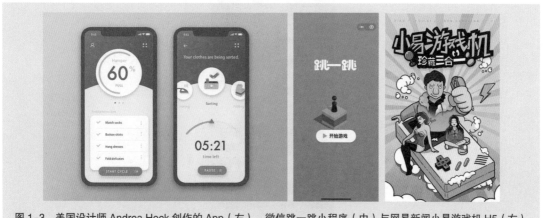

图 1-3　美国设计师 Andrea Hock 创作的 App（左）、微信跳一跳小程序（中）与网易新闻小易游戏机 H5（右）

1.1.3　移动 UI 设计的特点

移动端界面的设计特点可以总结为设计极简、交互丰富及设计适配 3 个方面。

1. 设计极简

随着全面屏手机的发行，移动设备的屏幕较之前在尺寸上有了较大的提升，但相对于 PC 和笔记本电脑而言还是较小。因此，要在有限的空间中进行元素的设计不宜太过复杂，不然不利于信息的传递。纵观移动UI的设计发展，设计风格也是从拟物化向扁平化发展，甚至为了更好地进行信息展示，iOS11 之后的界面都是围绕着"大而粗、简而美"的设计风格进行设计的，如图 1-4 所示。

图 1-4　美国设计师 Johny vino 创作的界面

2. 交互丰富

2007 年 1 月，乔布斯在旧金山发布了第一代 iPhone，开启了移动设备的智能化。智能化的移动设备较之前的传统手机拥有更加友好的用户体验，这源于它的多点触摸屏和传感器。由此造就了手势交互、语音交互、重力感应交互等一系列更加丰富的交互方式，如图 1-5 所示。因此，设计师在进行移动界面设计时还应充分考虑到这些人机交互的形式，提升用户参与产品使用的积极性，同时还要注意交互过程的简洁，方便用户顺利达成目标。

图 1-5　通过点击、滑动等手势完成目标

3. 设计适配

由于现有的智能手机、平板电脑型号呈现多样化，设计师进行设计时，应充分考虑文字、图标、图像甚至是界面布局等适配的问题。就移动应用来说，设计师通常会选用一款常用的、方便适配的屏幕尺寸进行设计，而后不必再大规模对其他尺寸屏幕的界面进行重新布局，只需针对不同屏幕尺寸进行切图输出，然后再交由技术端进行适配即可，如图 1-6 所示。

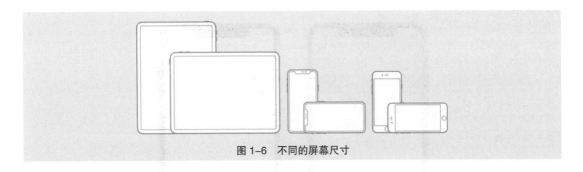

图 1-6　不同的屏幕尺寸

1.1.4　移动 UI 设计的原则

进行移动 UI 设计时，需要遵循 iOS 系统和 Android 系统的设计规范，可以根据 iOS 系统下的设计原则及 Android 系统下 Material Design 语言中的设计原则进行设计。

1. iOS 系统设计原则

iOS 系统设计应遵循清晰、遵从、深度 3 大原则。

（1）清晰

在整个系统中，文字在各种尺寸上都清晰易读，图标精确而清晰，装饰精巧且恰当，令用户更易理解功能。负空间、颜色、字体、图形和界面元素巧妙地突出重要内容并传达交互性，如图 1-7 所示。

图 1-7　以色列设计师 Vlad Tyzun 创作的界面

（2）遵从

遵从意指整个页面的交互要让用户的操作有着"从哪来回哪去"的体验。其中，流畅的动画和清晰、美观的界面可以帮助用户理解内容并与之互动，同时不干扰到用户的使用。想要传达的内容一般需要填满整个屏幕，而半透明和模糊显示通常暗示有更多内容。少使用边框，使用渐变和阴影的功能可使界面轻盈，同时确保内容明显，如图 1-8 所示。

如图 1-8 所示，位于左侧 App 界面中橙色渐变银行卡旁边的卡采用了半透明效果，暗示用户可以进行滑动查看更多内容。两张 App 界面的渐变、边框及阴影都不是很明显，使界面非常轻盈。

图 1-8　印度设计师 Abhisek Das 创作的 App 界面

（3）深度

独特的视觉层级和真实的动画效果传达层次结构，赋予界面活力，并促进用户理解。让用户通过触摸和探索发现程序的功能，不仅会使用户提高乐趣，更加方便用户了解功能，还能使用户关注到额外的内容。在浏览内容时，层级的过渡可提供深度感，如图 1-9 所示。

图 1-9　乌克兰设计公司 Cadabra Studio 创作的界面

2．Material Design 设计原则

Material Design（材料设计）语言（Google 开发的可与 iOS 系统下的设计原则相媲美的设计语言）设计原则有材质隐喻、大胆夸张、动效表意、灵活、跨平台 5 大原则。

（1）材质隐喻

Material Design 的灵感来自物理世界及其纹理，包括它们如何反射光线和投射阴影。对材料表面进行重新构想，融入纸张和墨水的特性，如图 1-10 所示。

（2）大胆夸张

Material Design 以印刷设计方法中的排版、网格、空间、比例、颜色和图像为指导，来创造视觉层次、视觉意义及视觉焦点，使用户沉浸其中，如图 1-11 所示。

图 1-10　Material Design 官网提供的示意图 1　　　　图 1-11　Material Design 官网提供的示意图 2

（3）动效表意

Material Design 通过微妙的反馈和平滑的过渡使动效保持连续性。当元素出现在屏幕上时，它们在环境中转换和重组，相互作用并产生新的变化，如图 1-12 所示。

（4）灵活

Material Design 系统旨在实现品牌表达。它集成了一个可定制的代码库，如图 1-13 所示。

（5）跨平台

Material Design 使用 Android、iOS、Flutter 和 Web 的共享组件进行跨平台管理，如图 1-14 所示。

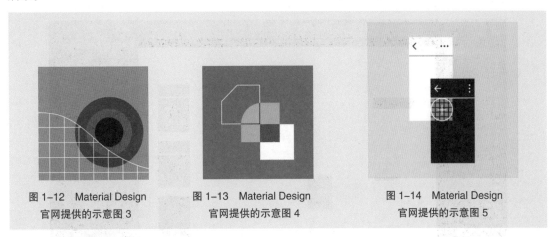

图 1-12　Material Design
官网提供的示意图 3　　　图 1-13　Material Design
官网提供的示意图 4　　　图 1-14　Material Design
官网提供的示意图 5

1.1.5　移动 UI 设计的常用软件

移动 UI 设计的常用软件可以分为界面设计、动效设计、网页设计、3D 渲染、思维导图设计和交互原型设计 6 种类型。

1. 界面设计类软件

（1）Photoshop

Photoshop 简称"PS"，是由 Adobe 公司开发和发行的图像处理软件，截至 2018 年 10 月，其版本已经更新到 CC 2019，如图 1-15 所示。在 Sketch 出现之前，PS 是大部分 UI 设计师进行界面设计的首选工具。

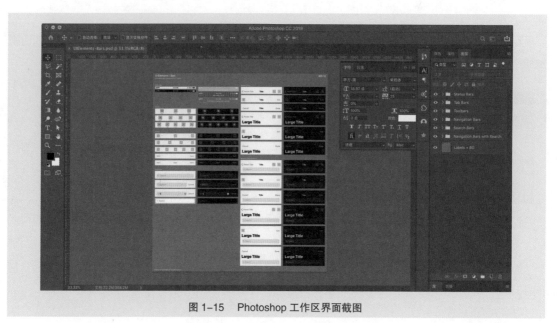

图 1-15　Photoshop 工作区界面截图

（2）Sketch

　　Sketch 是基于苹果计算机系统的一款收费型专业制作 UI 的工具，如图 1-16 所示。相较于 PS，它是一款可以迅速上手的轻量级矢量设计工具。不仅 UI 设计师常用它，就连产品经理和前端开发人员都能够迅速掌握其功能，大大减少了沟通合作中的问题。

图 1-16　Sketch 工作区界面截图

（3）Illustrator

　　Illustrator 常被称为"AI"，是由 Adobe 公司开发和发行的矢量图处理软件，截至 2018 年 10 月，其版本已经更新到 CC 2019，如图 1-17 所示。AI 在 UI 设计中除了被广泛应用于插画设计之外，在图标制作中也显示了超凡的性能。

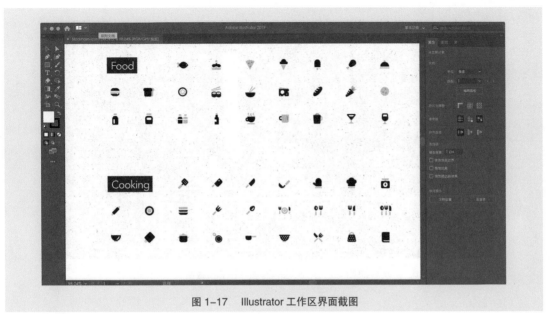

图 1-17　Illustrator 工作区界面截图

（4）Experience Design

Experience Design 简称"XD"，是由 Adobe 公司开发和发行的集原型、设计和交互于一体的软件，并于 2016 年 3 月发布了正式预览版本，如图 1-18 所示。XD 的"简洁"弥补了 PS 在制作 UI 方面的"臃肿"，同时它免费并兼容 Windows 和 Mac 双平台的平民化特点又是 Sketch 无法比拟的。

图 1-18　Experience Design 工作区界面截图

2. 动效设计类软件

（1）After Effects

After Effects 简称"AE"，是由 Adobe 公司开发和发行的图形视频处理软件，截至 2018 年 10 月，其版本已经更新到 CC 2019，如图 1-19 所示。无论是 After Effects 软件中经典的插件还是强大的表达式，都使 AE 制作出来的动效变得更加细腻入微。

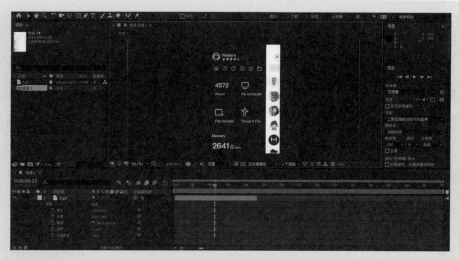

图 1-19　After Effects 工作区界面截图

（2）Principle

Principle 是基于苹果计算机系统的一款收费型专业制作动效的工具，如图 1-20 所示。相较于 AE 的性能综合、体量较大，Principle 的优势在于上手容易、操作简单，还能在计算机上实时预览，并在手机上进行交互，而不像 AE 只能导出 GIF 动画和 MP4 视频，无法与手机交互。

图 1-20　Principle 工作区界面截图

3. 网页设计类软件

（1）Dreamweaver

Dreamweaver 简称"DW"，开始由美国 Macromedia 公司开发，2005 年被 Adobe 公司收购。DW 是一款集网页制作和管理网站于一身的网页代码编辑器，拥有所见即所得的功能特点，如图 1-21 所示。

图 1-21　Dreamweaver 工作区界面截图

（2）Hype3

Hype3 是基于苹果计算机系统的一款收费型专业制作网页的工具，它的主要优势体现在能帮助不会编程的设计师轻松创建 HTML5 页面，并制作复杂的动画效果，如图 1-22 所示。在响应式方面，Hype3 有着特别优秀的表现。

图 1-22　Hype3 工作区界面截图

4. 3D 渲染类软件

CINEMA 4D 简称"C4D"，是德国 Maxon 公司开发的一款能够进行顶级建模、动画和渲染的 3D 动画软件，如图 1-23 所示。其功能非常强大，更能和 PS、AI、AE 等各类软件进行无缝结合，近年来受到大量 UI 设计师的追捧。通过 C4D 设计出来的作品被广泛运用到 Banner、专题页及活动页等。

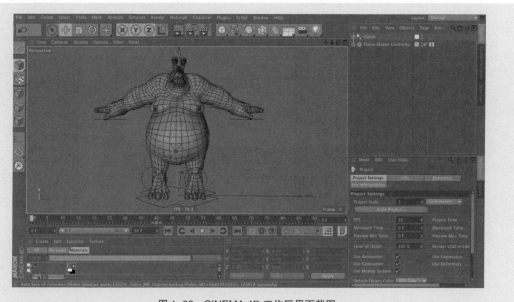

图 1-23　CINEMA 4D 工作区界面截图

5. 思维导图设计类软件

（1）Mindjet MindManager

Mindjet MindManager 俗称"脑图"，又叫"心智图"，由美国 Mindjet 公司开发，是一款可以创造、管理和交流思想的绘图软件，也是一款项目管理软件，如图 1-24 所示。

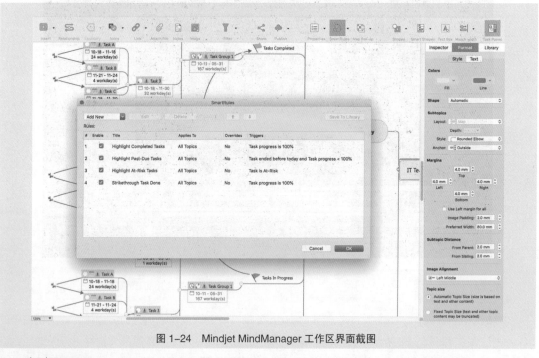

图 1-24　Mindjet MindManager 工作区界面截图

（2）XMind

XMind 是一款非常实用的商业思维导图软件，如图 1-25 所示。思维导图类软件在 UI 设计方面没有太大的区别，可根据个人喜好来选用。

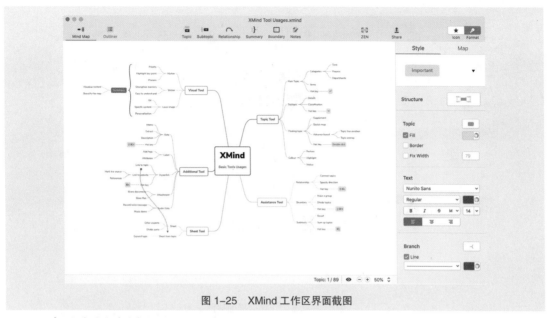

图 1-25　XMind 工作区界面截图

6. 交互原型设计类软件

（1）Axure RP

Axure RP 通常称为"Axure"，是一款专业的快速原型设计工具，于 2018 年 9 月开放了 9.0 Beta 的下载。在 9.0 的更新版本中，Axure 对设计架构进行了颠覆式的改变，令软件的使用效率及体验友好度都大大增加，如图 1-26 所示。

图 1-26　Axure 9.0 工作区界面

（2）墨刀

墨刀是国内开发的一款在线型原型设计工具，于 2017 年 6 月开放了 V3 版本的下载。在 V3 版本中，墨刀进行了全面更新，除了品牌和组件的升级优化外，还支持了 Sketch 文件的导入并加入了工作流的功能，这使得墨刀的功能更加强大，如图 1-27 所示。

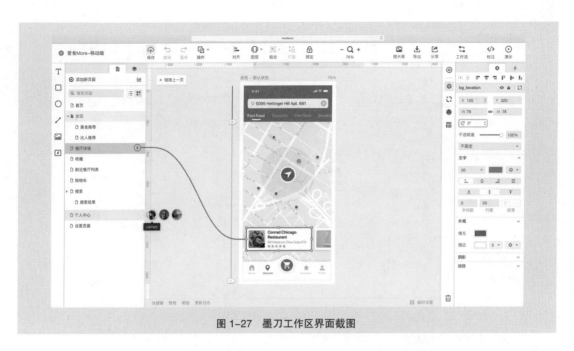

图 1-27　墨刀工作区界面截图

1.1.6　移动 UI 设计的学习方法

对于移动 UI 设计的初学者来讲，首先要明确市场现在到底需要什么样的设计师，这样才能有针对性地学习提升。结合市场需求，我们推荐下列学习方法。

1. 软件学习

软件的学习是 UI 设计的基础。设计师即使有再好的想法，但不能通过软件制作出来也是徒劳，所以软件学习至关重要。一般设计师需要掌握的软件有 Photoshop、Illustrator、AfterEffects、Axure RP 和墨刀，有条件的设计师还可以学习 Sketch 和 Principle，如图 1-28 所示。

图 1-28　UI 设计需掌握的主流软件

2. 开阔眼界

眼界的开阔至关重要，许多 UI 设计师无法做出美观的界面就是因为没有看过太多优秀的设计。这里推荐 3 种方法助力设计师开阔眼界。

第 1 种：阅读优秀设计师的文章，吸取优秀设计师的经验。当然，针对初学者而言，首先要学习规范类的文章，如 iOS 设计规范和 Android 设计规范，二者都可以在网上查到官方的设计指南，如图 1-29 所示。本书在"第 3 章　iOS 系统界面设计"和"第 4 章　Android 系统界面设计"中对其进行了深入剖析，以帮助设计师理解。

第 2 种：阅读优秀书籍，系统地学习 UI 设计的相关知识和设计应用方法。大家可以通过在网上输入关键词来查找到所需书籍。通过阅读图书的内容提要和目录来了解书籍的内容和特色，并通过购买所需书籍来进行全面的学习。

第 3 种：欣赏优秀的作品。建议设计师每天拿出 1 ~ 2 小时到 UI 中国、站酷（ZCOOL）、追波（Dribbble）等网站中浏览最新的作品，如图 1-30 所示，并加入收藏，形成自己的资料库。

图 1-29　iOS 设计规范（左）与 Android 设计规范（右）

图 1-30　网站推荐

3. 临摹学习

眼界开阔后，需要进行相关的设计临摹。首先推荐的是从应用中心下载优秀的 App，截图保存进行临摹；其次可以寻找文章、书籍、网站中的优秀案例进行临摹。临摹一定要保证完全一样并且要多临摹。

4. 项目实战

经过一定的积累，最好可以通过一套完整的企业项目来提升实际操作经验——从原型图到设计稿再到切图标注，甚至可以制作出动效 Demo。一整套项目的实战，会让我们在设计能力上有质的提升。

1.2　认识 App

认识 App 是移动 UI 设计学习中的重要知识内容。我们可以通过 App 的基本概念、App 的操作平台、App 的设计流程来系统地认识 App。

认识 App

1.2.1　App 的基本概念

App 是应用程序 Application 的缩写，一般指智能手机的第三方应用程序，如图 1-31 所示。用户主要从应用商店下载 App，比较著名的应用商店有苹果的 App Store、谷歌的 Google Play Store 等。

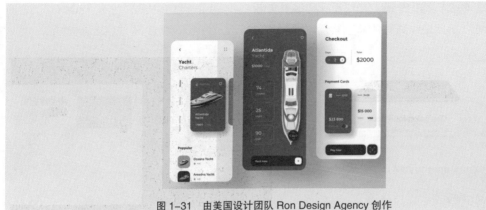

图 1-31　由美国设计团队 Ron Design Agency 创作

1.2.2　App 的操作平台

应用程序的运行与操作平台密不可分，目前市场上主要的智能手机操作平台有苹果公司的 iOS 系统和谷歌公司的 Android 系统。对于 UI 设计师而言，要进行移动界面设计工作，就需要分别学习两大系统的界面设计知识。

1. iOS 系统平台

iOS 是由美国苹果公司开发的专门用于苹果移动设备中的操作系统，如图 1-32 所示。iOS 截止到 2019 年已经更新到了 iOS 12，不管是设备的改革还是系统的更新，都为用户带来了全新的体验。对于 UI 设计而言，需要快速进行 iOS 设计规范相关知识的更新。本书在规范章节深入剖析了相关知识，帮助 UI 设计师进行知识的升级。

2. Android 系统平台

Android 系统最初是由安迪·鲁宾（Andy Rubin）开发的，2005 年 8 月被谷歌收购，2008 年 10 月，第一款 Android 系统的智能手机发布。在 2014 年的 Google I/O 大会上，谷歌公司推出的全新的设计语言——Material Design，旨在规范 Android 系统的设备，让 Android 系统的设计媲美苹果。截止到 2019 年，Android 系统已经发布到了 Android 9.0 版本，而在 2018 年的 Google I/O 大会上，Material Design 也有了重大更新，这些都使得 Android 系统的手机在使用上愈发流畅、统一及美观，如图 1-33 所示。对 UI 设计师来说，则面临着知识的更新及现有 UI 界面的再设计等挑战。本书将在 Android 系统界面设计章节深入剖析，帮助 UI 设计师了解 Android 系统界面的设计知识。

图 1-32　iOS 系统平台　　　　　　　　　图 1-33　Android 系统平台

1.2.3 App 的设计流程

App 的设计可以按照分析调研、交互设计、交互自查、界面设计、界面测试、设计验证的步骤来进行，如图 1-34 所示。

图 1-34 App 设计流程图

1. 分析调研

App 的设计是根据品牌的调性、产品的定位进行的，不同定位的 App，设计风格也会有所区别，如图 1-35 所示。因此，要分析需求，了解用户特征，并进行相关竞品的调研，明确设计方向。

图 1-35 QQ 音乐（左）、网易云音乐（中）与虾米音乐（右）

2. 交互设计

交互设计是对整个 App 设计进行初步构思和制定的环节，一般需要进行纸面原型设计、架构设计、流程图设计、线框图设计等具体工作，如图 1-36 所示。

3. 交互自查

交互设计完成之后，进行交互自查是整个 App 设计流程中非常重要的一环，可以在执行界面设计之前检查出是否有遗漏的细节问题，如图 1-37 所示。

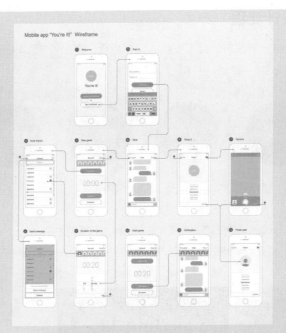

图 1-36　乌克兰 UI/UX 设计师 Tatiana Lazarenko 创作的页面流程图

交互设计自查表

层次	角度	自查点
信息架构与流程	信息架构	信息架构是否容易理解
		信息层级是否清晰
		信息分类是否合理
		信息视觉流是否流畅
	流程设计	用户体验路径是否一致
		返回和出口是否符合用户预期
		逆向流程的设计是否考虑周全
		跳转名称与目的是否一致
		是否充分考虑了操作的容错性
界面呈现	控件呈现	控件是否符合用户认知
		控件样式是否具有一致性
		控件交互行为是否具有一致性
		控件的不可用状态如何呈现
	数据呈现	空态如何呈现
		字数有限制时超限如何处理
		无法完整显示的数据如何处理
		数据过期如何提示用户
		数据按什么规则排序
		数值是否要按特定的格式的显示
		数据是否存在极值
	文案呈现	句式是否一致
		用词是否一致、准确
		文案是否有温度感
	输入与选择	是否为用户提供了默认值
		输入过程是否提供提示和判断
		是否存在不必要的输入
		是否指定了键盘类型和键盘引起的页面滚动
交互过程与反馈		是否周全地考虑了所有操作成功的反馈
		是否周全地考虑了所有操作失败的反馈
		操作过程中是否允许取消
		是否设计了必要且合理的动效
特殊情形		角色权限与状态不同会造成哪些差异
		是否提供特殊模式

图 1-37　交互自查

4．界面设计

原型图审查通过后，就可以进入界面的视觉设计阶段了，这个阶段的设计图即产品最终呈现给用户的界面。界面设计要求设计规范，图片、内容真实，并运用墨刀、Principle 等软件制作成可交互的高保真原型以便进行后续的界面测试，如图 1-38 所示。

5．界面测试

界面测试阶段是让具有代表性的用户进行典型操作，设计人员和开发人员在此阶段共同观察、记录，如图 1-39 所示。在测试中可以对设计的细节进行相关的调整。

图 1-38　乌克兰设计师 StasAristov、AlyaPrigotska、Thanh Do 联合创作的 App 界面

图 1-39　越南设计师 Tran Mau Tri Tam 进行 App 的细节调整

6．设计验证

设计验证是最后一个阶段，是对 App 进行优化的重要支撑。在产品正式上线后，通过用户的数据反馈进行记录，设计师可验证前期的设计，并继续优化产品，如图 1-40 所示。

图 1-40　数据分析产品 GrowingIO 针对 App 弹窗进行的用户数据分析

1.2.4　App 的基本分类

常用的 App 主要可以分为社区交友、影音娱乐、休闲娱乐、生活服务、旅游出行、电商平台、金融理财、健康医疗、学习教育和资讯阅读 10 类。

1. 社区交友 App

社区交友 App 帮助用户通过互联网实现交际往来。常用的社交 App 有 QQ、微信、新浪微博等，如图 1-41 所示。

图 1-41　QQ（左）、微信（中）与新浪微博（右）App

2. 影音娱乐 App

影音娱乐 App 即用户通过互联网上的电影、电视、音乐 MV 及小视频进行娱乐放松的 App。常用的影音娱乐 App 有抖音短视频、腾讯视频、网易云音乐等，如图 1-42 所示。

图 1-42　抖音短视频（左）、腾讯视频（中）与网易云音乐（右）App

3. 休闲娱乐 App

休闲娱乐 App 即用户通过在互联网上寻找餐厅、购买电影票及学习制作美食等活动进行放松、休闲的 App。常用的休闲娱乐 App 有大众点评、猫眼电影、下厨房等，如图 1-43 所示。

图 1-43　大众点评（左）、猫眼电影（中）与下厨房（右）App

4. 生活服务 App

生活服务 App 主要是指通过互联网为用户提供外卖订餐、求职招聘及城市出行等相关服务的 App。常用的生活服务 App 有饿了么、Boss 直聘、摩拜单车等，如图 1-44 所示。

图 1-44　饿了么（左）、Boss 直聘（中）与摩拜单车（右）App

5. 旅游出行 App

旅游出行 App 即通过互联网为用户提供旅游度假相关服务的 App。常用的旅游出行 App 有途牛旅游、Airbnb 爱彼迎、周末去哪儿等，如图 1-45 所示。

图 1-45　途牛旅游（左）、Airbnb 爱彼迎（中）与周末去哪儿（右）App

6. 电商平台 App

电商平台 App 即通过互联网为用户提供网购及相关信息等服务的 App。常用的电商 App 有淘宝网、京东、网易严选等，如图 1-46 所示。

图 1-46　淘宝网（左）、京东（中）与网易严选（右）App

7. 金融理财 App

金融理财 App 即通过互联网为用户提供财务管理服务的 App，以实现财务的保值、增值为目的。常用的金融理财 App 有支付宝、京东金融、招商银行等，如图 1-47 所示。

图 1-47　支付宝（左）、京东金融（中）与招商银行（右）App

8. 健康医疗 App

健康医疗 App 即通过互联网为用户提供运动健身、健康教育及远程会诊等多种形式的健康医疗服务的 App。常用的健康医疗 App 有悦动圈、轻加、微医等，如图 1-48 所示。

图 1-48　悦动圈（左）、轻加（中）与微医（右）App

9. 学习教育 App

学习教育 App 即通过互联网快速地为用户传播知识和学习方法的 App。常用的学习教育 App 有智慧树、作业帮、腾讯课堂等，如图 1-49 所示。

图 1-49 智慧树家长版（左）、作业帮（中）与腾讯课堂（右）App

10. 资讯阅读 App

资讯阅读 App 即通过互联网为用户在短时间内带来有价值的信息或书籍内容的 App。常用的资讯阅读 App 有腾讯新闻、网易新闻、微信读书等，如图 1-50 所示。

图 1-50 腾讯新闻（左）、网易新闻（中）与微信读书（右）App

第 2 章

02

移动 UI 设计规范

▶ **本章介绍**

　　设计规范在移动 UI 设计的工作中有着保证视觉统一性、提高项目工作效率、提升设计细节等诸多好处。本章对 iOS 系统及 Android 系统的基础设计规范进行了讲解。通过本章的学习,读者可以对移动 UI 设计的基础规范有一个基本的认识,有助于高效、便利地进行移动 UI 设计工作。

学习目标

● 掌握 iOS 系统设计规范

● 掌握 Android 系统设计规范

慕课视频

2.1　iOS 系统设计规范

iOS 系统设计规范可以从设计尺寸、界面结构、基本布局、图标规范及字体规范 5 个方面进行详尽的剖析。

2.1.1　iOS 设计尺寸

1. 相关单位

PPI：像素密度（Pixels Per Inch），是屏幕分辨率单位，表示每英寸所拥有的像素数量，如图 2-1 所示。像素密度越大，画面越细腻。因此，iPhone 4 与 iPhone 3GS 的屏幕尺寸虽然相同，但实际像素大了一倍，清晰度自然更高。

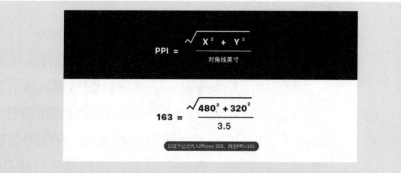

图 2-1　PPI 的计算公式（X、Y 分别为横向、纵向的像素数）

Asset：比例因子。标准分辨率显示器具有 1 ：1 的像素密度，用 @1x 表示，其中一个像素等于一个点。高分辨率显示器具有更高的像素密度，比例因子为 2.0 或 3.0，分别用 @2x 和 @3x 表示，如图 2-2 所示。因此，高分辨率显示器需要具有更多像素的图像。

图 2-2　一个 10 px×10 px 的标准分辨率（@1x）图像，该图像的 @2x 版本为 20 px×20 px，@3x 版本为 30 px×30 px

逻辑像素和物理像素：逻辑像素（Logic Point）的单位为"点"（points，pt），是根据内容尺寸计算的单位。iOS 开发工程师和使用 Sketch 软件设计界面的 UI 设计师使用的单位都是 pt。物理像素（Physical Pixel）的单位为"像素"（pixels，px），是按照像素格计算的单位，也就是移动设备的实际像素。使用 Photoshop 软件设计界面的 UI 设计师使用的单位都是 px。

例如，iPhone X/XS 的逻辑像素是 375 pt×812 pt，由于视网膜屏像素密度的增加，即 1 pt= 3 px，因此 iPhone X/XS 的物理像素是 1 125 px×2 436 px，如图 2-3 所示。

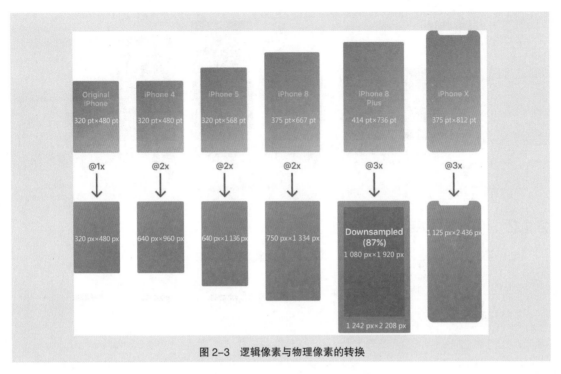

图 2-3　逻辑像素与物理像素的转换

2. 设计尺寸

iOS 常见的设备尺寸如图 2-4 和图 2-5 所示。在进行界面设计时，为了一稿适配多种尺寸，都是以 iPhone 6/6s/7/8 为基准的。如果使用 Photoshop，就创建 750 px×1 334 px 尺寸的画布；如果使用 Sketch，就创建 375 pt×667 pt 尺寸的画布。

设备名称	屏幕尺寸	PPI	Asset	竖屏点	竖屏分辨率
iPhone XS MAX	6.5 in	458	@3x	414 pt x 896 pt	1 242 px x 2 688 px
iPhone XS	5.8 in	458	@3x	375 pt x 812 pt	1 125 px x 2 436 px
iPhone XR	6.1 in	326	@2x	414 pt x 896 pt	828 px x 1 792 px
iPhone X	5.8 in	458	@3x	375 pt x 812 pt	1 125 px x 2 436 px
iPhone 8+ / 7+ / 6s+ / 6+	5.5 in	401	@3x	414 pt x 736 pt	1 242 px x 2 208 px
iPhone 8/7/6s/6	4.7 in	326	@2x	375 pt x 667 pt	750 px x 1 334 px
iPhone SE/5/5S/5C	4.0 in	326	@2x	320 pt x 568 pt	640 px x 1 136 px
iPhone 4/4S	3.5 in	326	@2x	320 pt x 480 pt	640 px x 960 px
iPhone 1/3G/3GS	3.5 in	163	@1x	320 pt x 480 pt	320 px x 480 px
iPad Pro 12.9	12.9 in	264	@2x	1 024 pt x 1 366 pt	2 048 px x 2 732 px
iPad Pro 10.5	10.5 in	264	@2x	834 pt x 1 112 pt	1 668 px x 2 224 px
iPad Pro, iPad Air 2, Retina iPad	9.7 in	264	@2x	768 pt x 1 024 pt	1 536 px x 2 048 px
iPad Mini 4, iPad Mini 2	7.9 in	326	@2x	768 pt x 1 024 pt	1 536 px x 2 048 px
iPad 1, 2	9.7 in	132	@1x	768 pt x 1 024 pt	768 px x 1 024 px

图 2-4　iOS 常见设备的尺寸

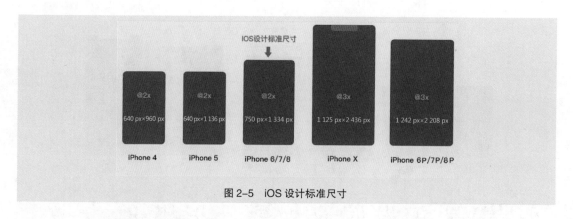

图 2-5　iOS 设计标准尺寸

2.1.2　iOS 界面结构

iOS 界面主要由状态栏、导航栏、标签栏组成，其结构如图 2-6 和图 2-7 所示。

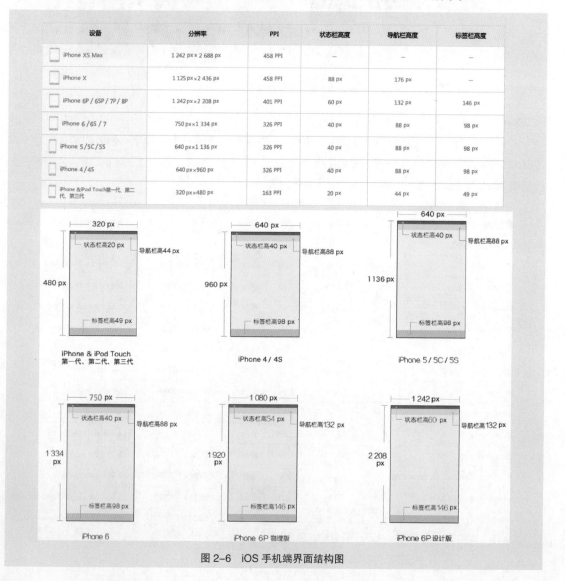

设备	分辨率	PPI	状态栏高度	导航栏高度	标签栏高度
iPhone XS Max	1 242 px × 2 688 px	458 PPI	—	—	—
iPhone X	1 125 px × 2 436 px	458 PPI	88 px	176 px	—
iPhone 6P / 6SP / 7P / 8P	1 242 px × 2 208 px	401 PPI	60 px	132 px	146 px
iPhone 6 / 6S / 7	750 px × 1 334 px	326 PPI	40 px	88 px	98 px
iPhone 5/5C/5S	640 px × 1 136 px	326 PPI	40 px	88 px	98 px
iPhone 4 / 4S	640 px × 960 px	326 PPI	40 px	88 px	98 px
iPhone & iPod Touch第一代、第二代、第三代	320 px × 480 px	163 PPI	20 px	44 px	49 px

图 2-6　iOS 手机端界面结构图

设备	尺寸	分辨率	状态栏高度	导航栏高度	标签栏高度
iPad 3 / 4 / 5 / 6 / Air / Air2 / Mini2	2 048 px×1 536 px	264 PPI	40 px	88 px	98 px
iPad 1 / 2	1 024 px×768 px	132 PPI	20 px	44 px	49 px
iPad Mini	1 024 px×768 px	163 PPI	20 px	44 px	49 px

图 2-7　iOS iPad 界面结构图

2.1.3　iOS 基本布局

1. 网格系统

网格系统（Grid Systems）又称为栅格系统，是利用一系列垂直和水平的参考线，将页面分割成若干个有规律的列或格子，再以这些格子为基准，进行页面布局设计的方式，能使布局规范、简洁、有秩序，如图 2-8 所示。

2. 组成元素

网格系统由列、水槽及边距 3 个元素组成，如图 2-9 所示。列是内容放置的区域。水槽是列与列之间的距离，有助于分离内容。边距是内容与屏幕左右边缘之间的距离。

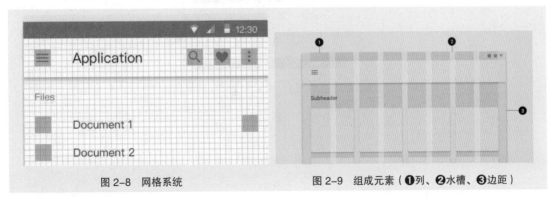

图 2-8　网格系统　　　　图 2-9　组成元素（❶列、❷水槽、❸边距）

3. 网格运用

单元格：iOS 的最小点击区域是 44 pt，即 88 px（@2x）。因此，在适用性方面，能被整除的偶数 4 和 8 作为 iOS 的最小单元格比较合适。其中，4 px 容易将页面切割得太细碎，所以比较推荐使用 8px，如图 2-10 所示。

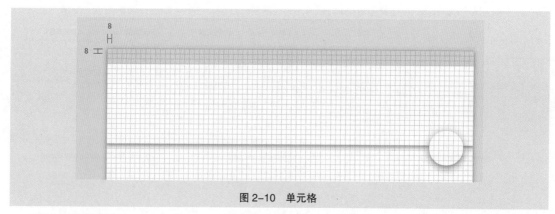

图 2-10　单元格

　　列：列的数量有 4、6、8、10、12、24 这几种。其中，4 列通常在 2 等分的简洁页面中使用，6 列、12 列和 24 列基本满足所有等分情况，但 24 列会将页面切割得太细碎，如图 2-11 所示，因此实际使用时还是以 12 列和 6 列为主。

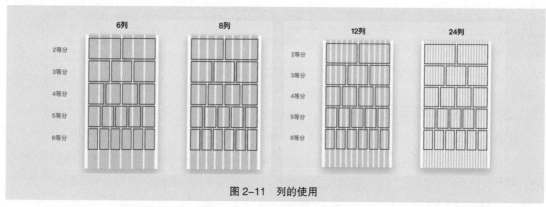

图 2-11　列的使用

　　水槽：水槽、边距及横向间距的宽度可以最小单元格 8 px 为增量进行统一设置，如 24、32、40。其中 32 px（16 pt@2x）最为常用，如图 2-12 所示。

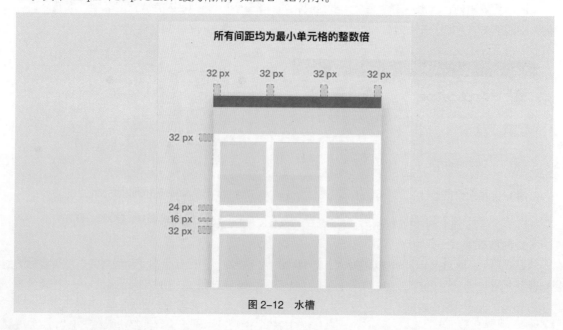

图 2-12　水槽

边距：边距的宽度也可以与水槽有所区别。在 iOS 中以 @2x 为基准，常见的边距有 20 px、24 px、30 px、32 px、40 px 及 50 px。边距的选择应结合产品本身的气质，其中 30 px 是让人最舒适的边距，也是绝大多数 App 首选的边距，如图 2-13 所示。

图 2-13　iOS 中的"设置""通用"页面都采用了 30 px 的边距

2.1.4　iOS 图标规范

在 iOS 中，图标分为应用图标和系统图标两种，下面分别介绍这两种图标的设计规范。

1. 应用图标

应用图标的概念：应用图标是应用程序的图标，如图 2-14 所示。应用图标主要应用于主屏幕、App Store、Spotlight 及设置中。

应用图标的设计：应用图标的设计尺寸可以采用 1 024 px，并根据 iOS 官方模板进行规范，如图 2-15 所示。正确的图标设计稿应是直角矩形不带圆角的，iOS 会自动应用一个圆角遮罩将图标的 4 个角遮住。

图 2-14　iOS 系统中的各类应用图标　　　图 2-15　iOS 官方模板

应用图标的适配：应用图标会以不同的分辨率出现在主屏幕、App Store、Spotlight 及设置场景中，尺寸也应根据不同设备的分辨率进行适配，如图 2-16 所示。

2. 系统图标

系统图标的概念：系统图标即界面中的功能图标，主要应用于导航栏、工具栏及标签栏。当未找到符合需求的系统图标时，UI 设计师可以设计自定义图标，如图 2-17 所示。

系统图标的设计：在导航栏和工具栏上的图标一般是 44px(22pt@2x)，在标签栏上的图标一般是 50px（25pt@2x）。苹果官方提供了 4 种不同形状的标签栏图标尺寸供 UI 设计师参考。其意义是让不同外形的图标在同一个标签栏上时，保证视觉平衡，如图 2-18 所示。

设备名称	应用图标	App Store图标	Spotlight图标	设置图标
iPhone X/8+/7+/6s+/6s	180 px × 180 px	1 024 px × × 1 024 px	120 px × 120 px	87 px × 87 px
iPhone X/8/7/6s/6/SE /5s/5c/5/4s/4	120 px × 120 px	1 024 px × 1 024 px	80 px × 80 px	58 px × 58 px
iPhone 1/3G/3GS	57 px × 57 px	1 024 px × 1 024 px	29 px × 29 px	29 px × 29 px
iPad Pro 12.9/10.5	167 px × 167 px	1 024 px × 1 024 px	80 px × 80 px	58 px × 58 px
iPad Air 1 &2/Mini 2 &4/3 &4	152 px × 152 px	1 024 px × 1 024 px	80 px × 80 px	58 px × 58 px
iPad 1/2/Mini 1	76 px × 76 px	1 024 px × 1 024 px	40 px × 40 px	29 px × 29 px

图 2-16　iOS 系统中不同设备应用图标的尺寸

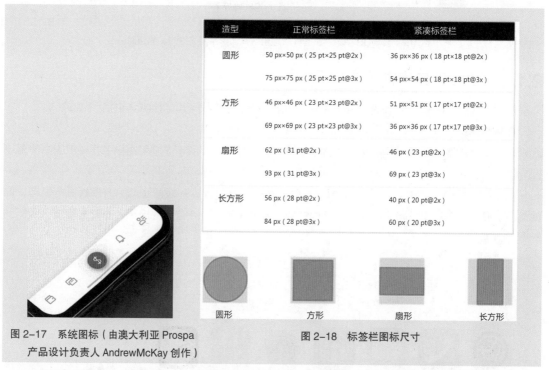

造型	正常标签栏	紧凑标签栏
圆形	50 px×50 px（25 pt×25 pt@2x）	36 px×36 px（18 pt×18 pt@2x）
	75 px×75 px（25 pt×25 pt@3x）	54 px×54 px（18 pt×18 pt@3x）
方形	46 px×46 px（23 pt×23 pt@2x）	51 px×51 px（17 pt×17 pt@2x）
	69 px×69 px（23 pt×23 pt@3x）	36 px×36 px（17 pt×17 pt@3x）
扇形	62 px（31 pt@2x）	46 px（23 pt@2x）
	93 px（31 pt@3x）	69 px（23 pt@3x）
长方形	56 px（28 pt@2x）	40 px（20 pt@2x）
	84 px（28 pt@3x）	60 px（20 pt@3x）

圆形　　　方形　　　扇形　　　长方形

图 2-17　系统图标（由澳大利亚 Prospa
产品设计负责人 AndrewMcKay 创作）

图 2-18　标签栏图标尺寸

　　系统图标的适配：系统图标会以不同的分辨率出现在导航栏、工具栏及标签栏场景中，尺寸也应根据不同设备的分辨率进行适配，如图 2-19 所示。

设备名称	导航栏和工具栏图标尺寸	标签栏图标尺寸	
iPhome 8+/7+/6+/6s+	66 px×66 px	75 px×75 px	最大144 px×144 px
iPhone 8/7/6s/6/SE	44 px×44 px	50 px×50 px	最大96 px×64 px
iPad Pro/iPad/iPad Mini	44 px×44 px	50 px×50 px	最大96 px×64 px

图 2-19　iOS 系统中不同设备系统图标的尺寸

2.1.5 iOS 字体规范

1. 系统字体

iOS 英文使用的是 San Francisco （SF）字体，其中 SF 字体有 SF UI Text（文本模式）和 SF UI Display（展示模式）两种尺寸。SF UI Text 适用于小于等于 19 pt 的文字，SF UI Display 适用于大于等于 20 pt 的文字。中文使用的是苹方字体，共有 6 个字重，如图 2-20 所示。

极细纤细细体正常中黑中粗
UILiThinLightRegMedSmBd

图 2-20　iOS 系统字体

2. 字号大小

iOS 设计时要注意字号的大小，如图 2-21 所示。一般为了区分标题和正文，字体大小差异至少保持在 4 px（2 pt@2x），正文的合适行间距为 1.5 ～ 2 倍。

苹果对于字体大小的建议

位置	字族	逻辑像素	实际像素	行距	字间距
大标题	Regular	34pt	68px	41	+11
标题一	Regular	28pt	56px	34	+13
标题二	Regular	22pt	44px	28	+16
标题三	Regular	20pt	40px	25	+19
头条	Semi-Bold	17pt	34px	22	-24
正文	Regular	17pt	34px	22	-24
标注	Regular	16pt	32px	21	-20
副标题	Regular	15pt	30px	20	-16
注解	Regular	13pt	26px	18	-6
注释一	Regular	12pt	24px	16	0
注释二	Regular	11pt	22px	13	+6

元素	字号（pt）	字重	字距（pt）	类型
Nav Bar Title	17	Medium	0.5	Display
Nav Bar Button	17	Regular	0.5	Display
Search Bar	13.5	Regular	0	Text
Tab Bar Button	10	Regular	0.1	Text
Table Header	12.5	Regular	0.25	Text
Table Row	16.5	Regular	0	Text
Table Row Subline	12	Regular	0	Text
Table Footer	12.5	Regular	0.2	Text
Action Sheets	20	Regular / Medium	0.5	Display

图 2-21　iOS 系统 App 的字体建议

2.2 Android 系统设计规范

Android 系统设计规范包括设计尺寸、界面结构、基本布局、字体规范及图标规范 5 个方面。

Android 系统设计规范

2.2.1 Android 设计尺寸

1. 相关单位

DPI：网点密度（Dot Per Inch），是打印分辨率的单位，表示每英寸打印的点数，在移动设备上等同于 PPI，表示每英寸所拥有的像素数量，如图 2-22 所示。通常 PPI 代表苹果手机，DPI 代表安卓手机。

DPI = PPI

图 2-22　DPI 等同于 PPI

独立密度像素与独立缩放像素：独立密度像素（Density-independent Pixels，dp）是安卓设备上的基本单位，等同于苹果设备上的 pt。Android 开发工程师使用的单位是 dp，所以 UI 设计师进行标注时应将 px 转化成 dp，公式为 dp×ppi/160 = px。当设备的 DPI 值是 320 时，通过公式可得出 1 dp=2 px，如图 2-23 所示（类似 iPhone 6/7/8 的高清屏）。

独立缩放像素（Scale-independent Pixel，sp）是 Android 设备上的字体单位。Android 平台允许用户自定义文字大小（小、正常、大、超大等），当文字尺寸是"正常"状态时，1 sp=1 dp，如图 2-24 所示；而当文字尺寸是"大"或"超大"时，1 sp>1 dp。UI 设计师进行 Android 界面的设计时，标记字体的单位选用 sp。

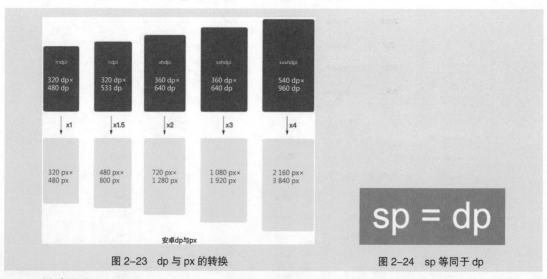

图 2-23　dp 与 px 的转换　　　　　　图 2-24　sp 等同于 dp

2. 设计尺寸

Android 常见的设备尺寸如图 2-25 和图 2-26 所示。在进行界面设计时，如果想要一稿适配 Android 和 iOS，就使用 Photoshop 新建 720 px×1 280 px 尺寸的画布。如果根据 Material

Design 新规范单独设计 Android 设计稿，就使用 Photoshop 新建 1 080 px×1 920 px 尺寸的画布。无论哪种需求，使用 Sketch 只建立 360 dp×640 dp 尺寸的画布即可。

名称	分辨率	dpi	像素比	示例	对应像素
xxxhdpi	2 160 px x 3 840 px	640	4.0	48 dp	192 px
xxhdpi	1 080 px x 1 920 px	480	3.0	48 dp	144 px
xhdpi	720 px x 1 280 px	320	2.0	48 dp	96 px
hdpi	480 px x 800 px	240	1.5	48 dp	72 px
mdpi	320 px x 480 px	160	1.0	48 dp	48 px

图 2-25　Android 常见的设备尺寸

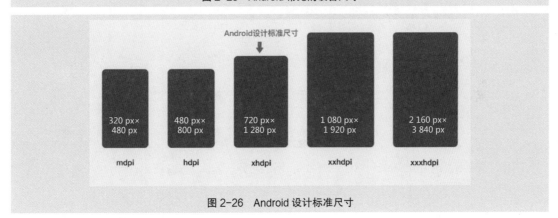

图 2-26　Android 设计标准尺寸

2.2.2　Android 界面结构

Android 界面主要由状态栏、导航栏、顶部应用栏组成，其结构如图 2-27 所示。

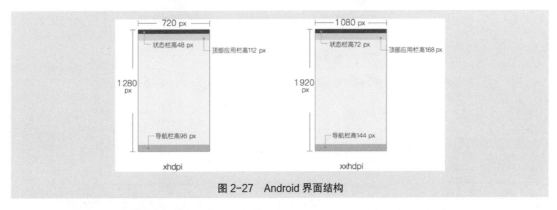

图 2-27　Android 界面结构

2.2.3　Android 基本布局

在 iOS 的设计规范中，我们已经剖析了网格系统及其组成元素，因此在 Android 布局中不再赘述，直接讲解 Android 中网格的布局。

单元格：Android 的最小点击区域是 48 dp，如图 2-28 所示，因此能被整除的偶数 4 和 8 作为 Android 最小单元格比较合适。

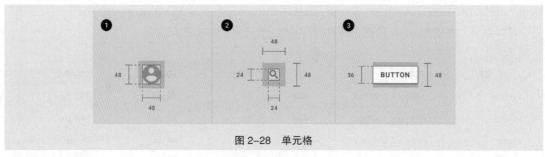

图 2-28　单元格

所有组件都与移动设备的 8 dp 网格对齐，如图 2-29 所示。

图 2-29　移动设备的 8 dp 网格

图标、文字和组件中的某些元素可以与 4 dp 网格对齐，如图 2-30 所示。

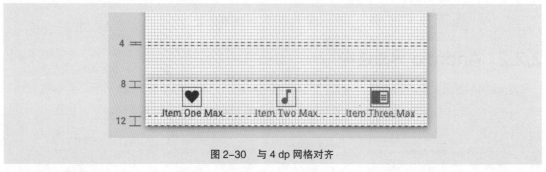

图 2-30　与 4 dp 网格对齐

列：列的数量在手机设备上推荐 4 列，在平板电脑上推荐 8 列，如图 2-31 所示。

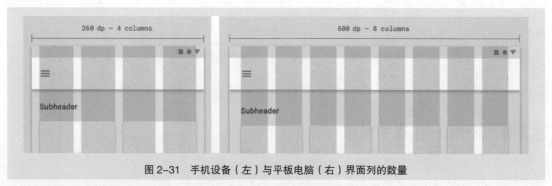

图 2-31　手机设备（左）与平板电脑（右）界面列的数量

水槽：水槽和边距的宽度在手机设备上推荐 16 dp，在平板电脑上推荐 24 dp，如图 2-32 所示。

边距：边距的宽度可以和水槽统一，也可以根据产品的设计要求与水槽不同，如图 2-33 所示。

当 Android 中边距的宽度与水槽不同时，其宽度的设置具体可以参考 iOS 布局中边距的宽度。

图2-32　手机设备、平板电脑水槽和边距的宽度

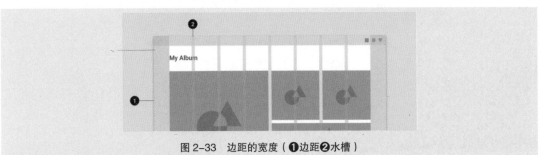

图2-33　边距的宽度（❶边距❷水槽）

2.2.4　Android字体规范

1. 系统字体

Android英文使用的是Roboto字体，共有6个字重；中文使用的是思源黑体，又称为"Source Han Sans"或"Noto"，共有7个字重，如图2-34所示。

图 2-34　思源黑体

2. 字号大小

Android 设计时要注意字号的大小，如图 2-35 所示。Android 各元素以 720 px×1280 px 为基准设计，可以与 iOS 对应，其常见的字号有 24 px、26 px、28 px、30 px、32 px、34 px、36 px 等，最小字号为 20 px。

Scale Category	Typeface	Font	Size	Case	Letter spacing
H1	Roboto	Light	96	Sentence	-1.5
H2	Roboto	Light	60	Sentence	-0.5
H3	Roboto	Regular	48	Sentence	0
H4	Roboto	Regular	34	Sentence	0.25
H5	Roboto	Regular	24	Sentence	0
H6	Roboto	Medium	20	Sentence	0.15
Subtitle 1	Roboto	Regular	16	Sentence	0.15
Subtitle 2	Roboto	Medium	14	Sentence	0.1
Body 1	Roboto	Regular	16	Sentence	0.5
Body 2	Roboto	Regular	14	Sentence	0.25
BUTTON	Roboto	Medium	14	All caps	1.25
Caption	Roboto	Regular	12	Sentence	0.4
OVERLINE	Roboto	Regular	10	All caps	1.5

元素	字重	字号	行距	字间距
App bar	Medium	20sp	-	-
Buttons	Medium	15sp	-	10
Headline	Regular	24sp	34dp	0
Title	Medium	21sp	-	5
Subheading	Regular	17sp	30dp	10
Body 1	Regular	15sp	23dp	10
Body 2	Bold	15sp	26dp	10
Caption	Regular	13sp	-	20

图 2-35　Android 系统 App 的字体建议

2.2.5 Android 图标规范

在 Android 中，图标规范可以根据 Material Design 设计语言分成应用图标和系统图标两个方面。

1. 应用图标

应用图标的概念：应用图标即产品图标，是品牌和产品的视觉表达，主要出现在主屏幕上，如图 2-36 所示。

图 2-36　Android 系统中各类应用图标

应用图标的设计：创建应用图标时，应以 320 dpi 分辨率中的 48 dp 尺寸为基准。Material Design 语言提供了 4 种不同的图标形状供 UI 设计师参考，以保持视觉平衡，如图 2-37 所示。

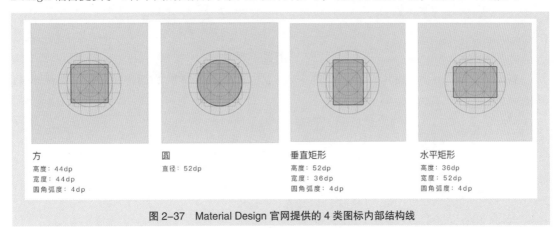

图 2-37　Material Design 官网提供的 4 类图标内部结构线

应用图标的适配：应用图标的尺寸应根据不同设备的分辨率进行适配，如图 2-38 所示。当应用图标应用于 Google Play 中时，其尺寸是 512 px×512 px。

图标单位	mdpi (160 dpi)	hdpi (240 dpi)	xhdpi (320 dpi)	xxhdpi (480 dpi)	xxxhdpi (640 dpi)
dp	24 dp x 24 dp	36 dp x 36 dp	48 dp x 48 dp	72 dp x 72 dp	96 dp x 96 dp
px	48 px x 48 px	72 px x 72 px	96 px x 96 px	144 px x 144 px	192 px x 192 px

图 2-38　Android 系统中不同设备应用图标的尺寸

2. 系统图标

系统图标的概念：系统图标即界面中的功能图标，通过简洁、现代的图形表达一些常见功能。Material Design 提供了一套完整的系统图标，如图 2-39 所示，同时设计师也可以根据产品的调性进行自定义设计。

系统图标的设计：创建系统图标时，以 320 dpi 分辨率中的 24 dp 尺寸为基准。图标应该留出一定的边距，如图 2-40 所示，以保证不同面积的图标有协调一致的视觉效果。

图 2-39　Material Design 官网提供的完整的系统图标

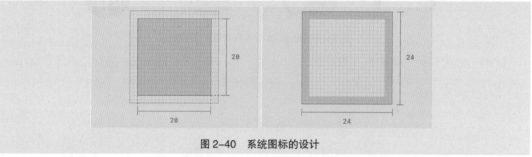

图 2-40　系统图标的设计

Material Design 语言提供了 4 种不同的图标形状供 UI 设计师参考，以保持视觉平衡，如图 2-41 所示。

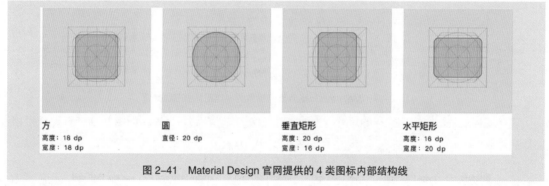

图 2-41　Material Design 官网提供的 4 类图标内部结构线

设计时为保证图标清晰，需将软件中 X 坐标和 Y 坐标设为整数，而不是小数，将图标"放在像素上"，如图 2-42 所示。

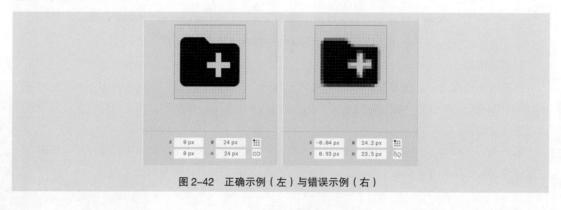

图 2-42　正确示例（左）与错误示例（右）

系统图标由❶描边末端、❷圆角、❸反白区域、❹描边、❺内部角、❻边界区域6部分组成，如图2-43所示。

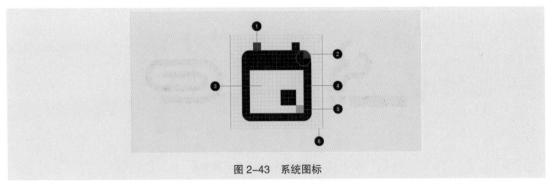

图2-43　系统图标

边角：边角半径默认为2 dp。内角应该是方形而不要使用圆形，圆角建议使用2 dp，如图2-44所示。

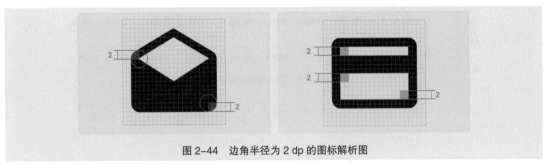

图2-44　边角半径为2 dp的图标解析图

描边：系统图标使用2 dp的描边以保持图标的一致性，如图2-45所示。

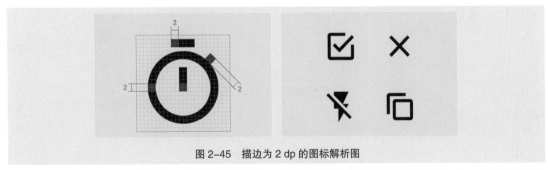

图2-45　描边为2 dp的图标解析图

描边末端：描边末端应该是直线并带有角度，留白区域的描边粗细也应该是2 dp。描边如果是倾斜45°，那么末端应该也以倾斜45°为结束，如图2-46所示。

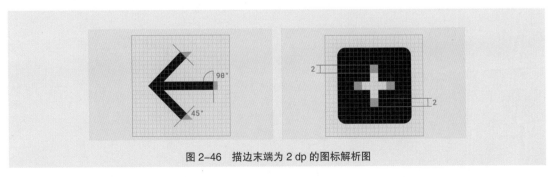

图2-46　描边末端为2 dp的图标解析图

视觉校正：如果系统图标需要设计复杂的细节，则可以进行细微的调整以提高其清晰度，如图 2-47 所示。

图 2-47　复杂图标的视觉校正解析图

系统图标的适配：系统图标的尺寸应根据不同设备的分辨率进行适配，如图 2-48 所示。

图标单位	mdpi (160 dpi)	hdpi (240 dpi)	xhdpi (320 dpi)	xxhdpi (480 dpi)	xxxhdpi (640 dpi)
dp	12 dp x 12 dp	18 dp x 18 dp	24 dp x 24 dp	36 dp x 36 dp	48 dp x 48 dp
px	24 px x 24 px	36 px x 36 px	48 px x 48 px	72 px x 72 px	196 px x 196 px

图 2-48　系统图标的适配

03

第 3 章

iOS 系统界面设计

▶ **本章介绍**

iOS 系统界面是移动 UI 设计中最重要的部分之一，它直接影响着用户使用 App 的体验。本章对 iOS 系统界面设计中的栏、视图及控件进行了系统讲解与演练。通过本章的学习，读者可以对 iOS 系统界面设计有一个基本的认识，并快速掌握绘制 iOS 系统界面的规范和方法。

学习目标

- 掌握 iOS 界面设计中的栏
- 掌握 iOS 界面设计中的视图
- 掌握 iOS 界面设计中的控件

技能目标

- 掌握旅游类 App 首页的绘制方法
- 掌握旅游类 App 相册页的绘制方法
- 掌握旅游类 App 酒店列表页的绘制方法
- 掌握旅游类 App 美食筛选页的绘制方法

慕课视频

3.1 栏

iOS栏作为iOS界面的组成元素，有着梳理层级、引导交互的重要作用。iOS栏主要分为状态栏、导航栏、搜索栏、标签栏及工具栏。

3.1.1 课堂案例——制作旅游类App首页

【案例学习目标】学习使用绘图工具、文字工具和"创建剪贴蒙版"命令制作旅游类App首页。

【案例知识要点】使用"移动"工具移动素材，使用"置入"命令置入图片，使用"剪贴蒙版"命令调整图片显示区域，使用"横排文字"工具输入文字，使用"矩形"工具和"圆角矩形"工具绘制基本形状，最终效果如图3-1所示。

【效果所在位置】Ch03/效果/制作旅游类App/制作旅游类App首页.psd。

图 3-1

制作旅游类
App 首页 1

制作旅游类
App 首页 2

1. 制作状态栏、导航栏和搜索栏

（1）按 Ctrl+N 组合键，弹出"新建文档"对话框，宽度设为 750 像素，高度设为 3 092 像素，分辨率为 72 像素 / 英寸，如图 3-2 所示，单击"创建"按钮，完成文档的新建。

（2）选择"视图 > 新建参考线版面"命令，弹出"新建参考线版面"对话框，设置如图 3-3 所示。单击"确定"按钮，完成参考线的创建，效果如图 3-4 所示。

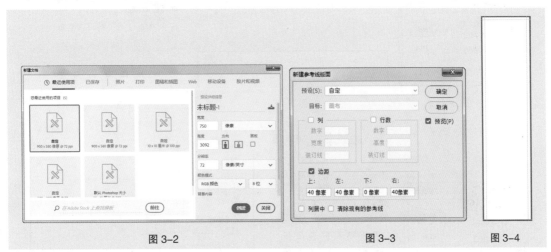

图 3-2　　　　　　　　　　　　图 3-3　　　　　　　　　图 3-4

（3）选择"文件 > 置入嵌入对象"命令，弹出"置入嵌入的对象"对话框，选择云盘中的"Ch03 > 素材 > 制作旅游类 App 首页 > 01"文件，单击"置入"按钮，将图片置入到图像窗口中，将其拖曳到适当的位置，按 Enter 键确认操作，效果如图 3-5 所示，在"图层"控制面板中生成新的图层并将其命名为"状态栏"。

图 3-5

（4）选择"视图 > 新建参考线"命令，弹出"新建参考线"对话框，在 128 像素（距离上方参考线 88 像素）的位置建立参考线，设置如图 3-6 所示。单击"确定"按钮，完成参考线的创建。

（5）按 Ctrl + O 组合键，打开云盘中的"Ch03 > 素材 > 制作旅游类 App 首页 > 02"文件，选择"移动"工具，将"菜单"图形拖曳到图像窗口中适当的位置，在"图层"控制面板中生成新的形状图层"菜单"。用相同的方法拖曳"更多"图形到适当的位置，效果如图 3-7 所示。

（6）按住 Shift 键的同时，单击"菜单"图层，将需要的图层同时选取，按 Ctrl+G 组合键，群组图层并将其命名为"导航栏"，如图 3-8 所示。

（7）选择"视图 > 新建参考线"命令，弹出"新建参考线"对话框，在 152 像素（距离上方参考线 24 像素）的位置建立参考线，设置如图 3-9 所示。单击"确定"按钮，完成参考线的创建。

（8）选择"横排文字"工具，在适当的位置输入需要的文字并选取文字，选择"窗口 > 字符"命令，弹出"字符"面板，在面板中将"颜色"设为绿色（27、229、141），其他选项的设置如图 3-10 所示，按 Enter 键确认操作，在"图层"控制面板中生成新的文字图层。从上方的标尺处拖曳出一条水平参考线到"嗨！你想去哪儿旅行？"文字的下方，效果如图 3-11 所示。

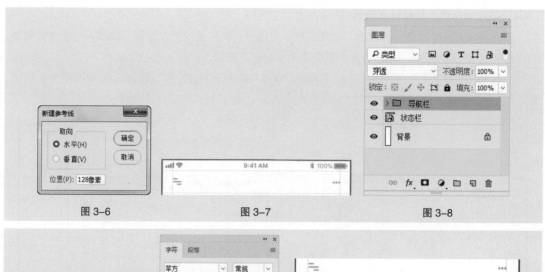

图 3-6　　　　　　　图 3-7　　　　　　　图 3-8

图 3-9　　　　　　　图 3-10　　　　　　　图 3-11

（9）选择"视图 > 新建参考线"命令，弹出"新建参考线"对话框，在 492 像素（距离上方参考线 40 像素）的位置建立参考线，设置如图 3-12 所示。单击"确定"按钮，完成参考线的创建。

（10）再次在适当的位置输入需要的文字并选取文字，在"字符"面板中将"颜色"设为灰色（157、163、180），其他选项的设置如图 3-13 所示，按 Enter 键确认操作，在"图层"控制面板中生成新的文字图层。从上方的标尺处拖曳出一条水平参考线到"目的地，酒店，关键词"文字的下方，效果如图 3-14 所示。

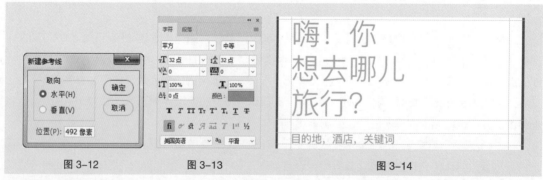

图 3-12　　　　　　　图 3-13　　　　　　　图 3-14

（11）在"02"图像窗口中，选择"移动"工具 ，选中"搜索"图层，将其拖曳到图像窗口中适当的位置，效果如图 3-15 所示，在"图层"控制面板中生成新的形状图层"搜索"。

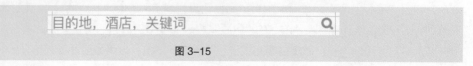

图 3-15

（12）选择"直线"工具 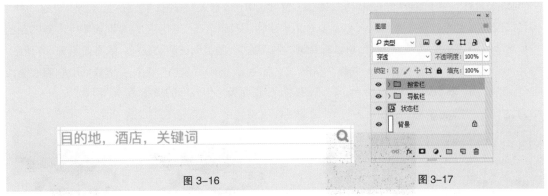，在属性栏中的"选择工具模式"选项中选择"形状"，将"粗细"选项设为1像素。按住Shift键的同时，在距离上方参考线34像素的位置绘制直线，在属性栏中将"填充"颜色设为无，"描边"颜色设为灰色（205、212、232），如图3-16所示，在"图层"控制面板中生成新的形状图层"形状1"。

（13）按住Shift键的同时，单击"嗨！你 想去哪儿 旅行？"图层，将需要的图层同时选取，按Ctrl+G组合键，群组图层并将其命名为"搜索栏"，如图3-17所示。

图 3-16　　　　　　　　　　　　　图 3-17

2. 制作内容区

（1）选择"视图 > 新建参考线"命令，弹出"新建参考线"对话框，在640像素（距离上方形状80像素）的位置建立参考线，设置如图3-18所示。单击"确定"按钮，完成参考线的创建。

图 3-18

（2）选择"横排文字"工具 T.，在适当的位置输入需要的文字并选取文字，在"字符"面板中，将"颜色"设为蓝灰色（69、69、83），其他选项的设置如图3-19所示，按Enter键确认操作。再次在适当的位置输入需要的文字并选取文字，在"字符"面板中，将"颜色"设为灰色（157、163、180），其他选项的设置如图3-20所示，按Enter键确认操作，效果如图3-21所示，在"图层"控制面板中分别生成新的文字图层。

图 3-19　　　　　　　　图 3-20　　　　　　　　　　图 3-21

（3）选择"视图 > 新建参考线"命令，弹出"新建参考线"对话框，在714像素（距离上方文字34像素）的位置建立参考线，设置如图3-22所示，单击"确定"按钮，完成参考线的创建。

（4）选择"圆角矩形"工具 ◻，在属性栏中的"选择工具模式"选项中选择"形状"，将"填充"颜色设为黑色，"描边"颜色设为无，"半径"选项设为12像素，在图像窗口中适当的位置绘制圆角矩形，如图3-23所示，在"图层"控制面板中生成新的形状图层"圆角矩形1"。

（5）选择"文件 > 置入嵌入对象"命令，弹出"置入嵌入的对象"对话框，选择云盘中的"Ch03 > 素材 > 制作旅游类App首页 > 03"文件，单击"置入"按钮，将图片置入到图像窗口中，将其拖曳到适当的位置并调整其大小，按Enter键确认操作，在"图层"控制面板中生成新的图层并将其命名为"图1"。按Alt+Ctrl+G组合键，为"图1"图层创建剪贴蒙版，效果如图3-24所示。

（6）在"02"图像窗口中，选择"移动"工具 ✛，选中"喜欢"图层，将其拖曳到图像窗口中适当的位置，效果如图3-25所示，在"图层"控制面板中生成新的形状图层"喜欢"。

图3-22　　　　　　图3-23　　　　　　图3-24　　　　　　图3-25

（7）选择"视图 > 新建参考线"命令，弹出"新建参考线"对话框，在1 038像素（距离上方形状34像素）的位置建立参考线，设置如图3-26所示，单击"确定"按钮，完成参考线的创建。

图3-26

（8）选择"横排文字"工具 T，在适当的位置输入需要的文字并选取文字，在"字符"面板中，将"颜色"设为蓝灰色（69、69、83），其他选项的设置如图3-27所示，按Enter键确认操作，效果如图3-28所示，在"图层"控制面板中生成新的文字图层。

（9）在适当的位置输入需要的文字并选取文字，在"字符"面板中，将"颜色"设为灰色（146、146、175），其他选项的设置如图3-29所示，按Enter键确认操作，效果如图3-30所示，在"图层"控制面板中生成新的文字图层。

（10）在"02"图像窗口中，选择"移动"工具 ✛，选中"五颗星"图层，将其拖曳到图像窗口中适当的位置，效果如图3-31所示，在"图层"控制面板中生成新的形状图层"五颗星"。

（11）选择"横排文字"工具 T，在适当的位置输入需要的文字并选取文字。在"字符"面板中，将"颜色"设为灰色（146、146、175），其他选项的设置如图3-32所示，按Enter键确认操作，效果如图3-33所示，在"图层"控制面板中分别生成新的文字图层。

（12）按住Shift键的同时，单击"圆角矩形1"图层，将需要的图层同时选取，按Ctrl+G组合键，群组图层并将其命名为"网红店"，如图3-34所示。用相同的方法制作"森林屋"图层组，如图3-35所示，效果如图3-36所示。

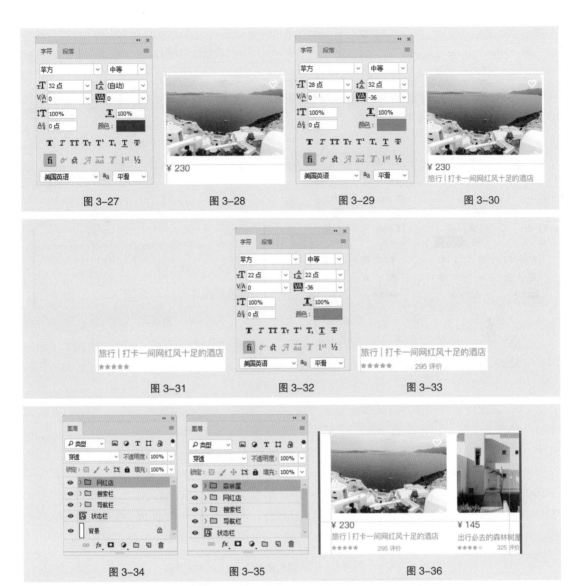

图 3-27　　　　　图 3-28　　　　　图 3-29　　　　　图 3-30

图 3-31　　　　　图 3-32　　　　　图 3-33

图 3-34　　　　　图 3-35　　　　　图 3-36

（13）按住 Shift 键的同时，单击"酒店推荐"图层，将需要的图层同时选取，按 Ctrl+G 组合键，群组图层并将其命名为"酒店推荐"，如图 3-37 所示。

（14）选择"视图 > 新建参考线"命令，弹出"新建参考线"对话框，在 1 224 像素（距离上方文字 80 像素）的位置建立参考线，设置如图 3-38 所示。单击"确定"按钮，完成参考线的创建。

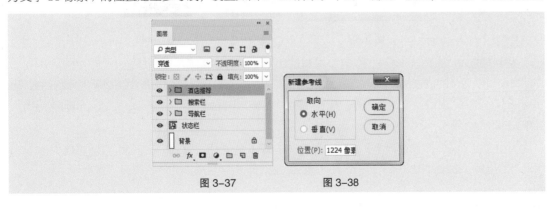

图 3-37　　　　　图 3-38

（15）选择"横排文字"工具 **T**，在适当的位置输入需要的文字并选取文字，在"字符"面板中，将"颜色"设为蓝灰色（69、69、83），其他选项的设置如图 3-39 所示，按 Enter 键确认操作。再次在适当的位置输入需要的文字并选取文字，在"字符"面板中，将"颜色"设为灰色（157、163、180），其他选项的设置如图 3-40 所示，按 Enter 键确认操作，效果如图 3-41 所示，在"图层"控制面板中分别生成新的文字图层。

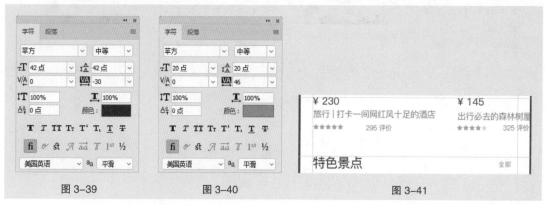

图 3-39　　　　　　　　图 3-40　　　　　　　　　　　图 3-41

（16）选择"视图 > 新建参考线"命令，弹出"新建参考线"对话框，在 1 296 像素（距离上方文字 34 像素）的位置建立参考线，设置如图 3-42 所示。单击"确定"按钮，完成参考线的创建。

（17）选择"圆角矩形"工具 ▢，在属性栏中将"填充"颜色设为灰色（170、170、170），"描边"颜色设为无，"半径"选项设为 12 像素，在图像窗口中适当的位置绘制圆角矩形，如图 3-43 所示，在"图层"控制面板中生成新的形状图层"圆角矩形 2"。

（18）选择"文件 > 置入嵌入对象"命令，弹出"置入嵌入的对象"对话框，选择云盘中的"Ch03 > 素材 > 制作旅游类 App 首页 > 05"文件，单击"置入"按钮，将图片置入到图像窗口中，拖曳到适当的位置并调整其大小，按 Enter 键确认操作，在"图层"控制面板中生成新的图层并将其命名为"图 3"。按 Alt+Ctrl+G 组合键，为"图 3"图层创建剪贴蒙版，效果如图 3-44 所示。

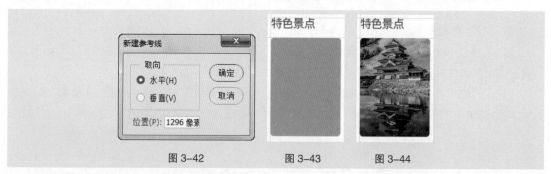

图 3-42　　　　　　　图 3-43　　　　　　图 3-44

（19）选择"圆角矩形"工具 ▢，在属性栏中将"填充"颜色设为绿色（27、229、141），在图像窗口中适当的位置绘制圆角矩形，如图 3-45 所示，在"图层"控制面板中生成新的形状图层"圆角矩形 3"。选择"窗口 > 属性"命令，弹出"属性"面板，设置如图 3-46 所示，按 Enter 键确认操作，效果如图 3-47 所示。

（20）在"02"图像窗口中，选择"移动"工具 ✛，选中"喜欢"图层，将其拖曳到图像窗口中适当的位置，效果如图 3-48 所示，在"图层"控制面板中生成新的形状图层"喜欢"。

图 3-45　　　　　图 3-46　　　　　图 3-47　　　　图 3-48

（21）选择"视图 > 新建参考线"命令，弹出"新建参考线"对话框，在 1 686 像素（距离上方形状 34 像素）的位置建立参考线，设置如图 3-49 所示。单击"确定"按钮，完成参考线的创建。

（22）选择"横排文字"工具 **T.**，在适当的位置输入需要的文字并选取文字，在"字符"面板中，将"颜色"设为蓝灰色（69、69、83），其他选项的设置如图 3-50 所示，按 Enter 键确认操作。再次在适当的位置输入需要的文字并选取文字，在"字符"面板中，将"颜色"设为灰色（146、146、175），其他选项的设置如图 3-51 所示，按 Enter 键确认操作，效果如图 3-52 所示，在"图层"控制面板中分别生成新的文字图层。

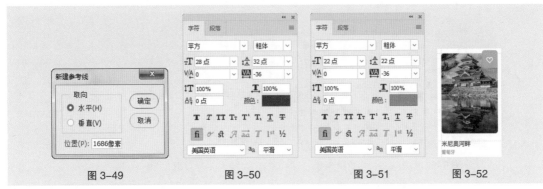

图 3-49　　　　　图 3-50　　　　　图 3-51　　　　图 3-52

（23）按住 Shift 键的同时，单击"圆角矩形 2"图层，将需要的图层同时选取，按 Ctrl+G 组合键，群组图层并将其命名为"米尼奥河畔"，如图 3-53 所示。用相同的方法制作"旧金山"图层组和"纽约"图层组，效果如图 3-54 所示。

图 3-53　　　　　　　　　　图 3-54

（24）按住 Shift 键的同时，单击"特色景点"图层，将需要的图层同时选取，按 Ctrl+G 组合键，群组图层并将其命名为"特色景点"，如图 3-55 所示。

（25）选择"视图 > 新建参考线"命令，弹出"新建参考线"对话框，在 1 828 像素（距离上方文字 80 像素）的位置建立参考线，设置如图 3-56 所示。单击"确定"按钮，完成参考线的创建。

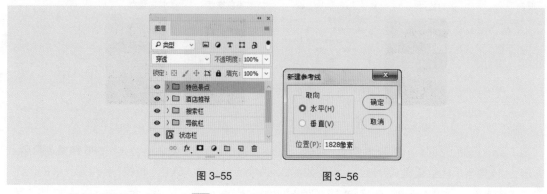

图 3-55　　　　　　　　图 3-56

（26）选择"横排文字"工具 T，在适当的位置输入需要的文字并选取文字，在"字符"面板中，将"颜色"设为蓝灰色（69、69、83），其他选项的设置如图 3-57 所示，按 Enter 键确认操作。再次在适当的位置输入需要的文字并选取文字，在"字符"面板中，将"颜色"设为灰色（157、163、180），其他选项的设置如图 3-58 所示，按 Enter 键确认操作，在"图层"控制面板中分别生成新的文字图层，效果如图 3-59 所示。

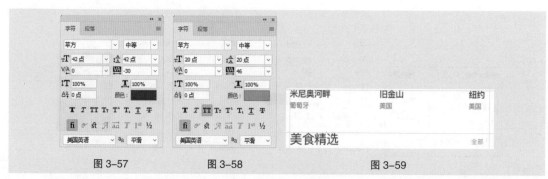

图 3-57　　　　　　　图 3-58　　　　　　　图 3-59

（27）选择"视图 > 新建参考线"命令，弹出"新建参考线"对话框，在 1 902 像素（距离上方文字 34 像素）的位置建立参考线，设置如图 3-60 所示。

图 3-60

（28）选择"圆角矩形"工具 口，在属性栏中将"填充"颜色设为灰色（170、170、170），"描边"颜色设为无，"半径"选项设为 12 像素，在图像窗口中适当的位置绘制圆角矩形，在"图层"控制面板中生成新的形状图层"圆角矩形 4"。从上方的标尺处拖曳出一条水平参考线到"圆角矩形 4"图形的下方，如图 3-61 所示。

（29）选择"文件 > 置入嵌入对象"命令，弹出"置入嵌入的对象"对话框，选择云盘中的"Ch03 > 素材 > 制作旅游类 App 首页 > 08"文件，单击"置入"按钮，将图片置入到图像窗口中，拖曳到适当的位置并调整其大小，按 Enter 键确认操作，在"图层"控制面板中生成新的图层并将其命名为"图 6"。按 Alt+Ctrl+G 组合键，为"图 6"图层创建剪贴蒙版，效果如图 3-62 所示。

（30）在"02"图像窗口中，选择"移动"工具 ⊕，选中"喜欢"图层，将其拖曳到图像窗口中适当的位置，效果如图 3-63 所示，在"图层"控制面板中生成新的形状图层"喜欢"。

图 3-61　　　　　　　　　图 3-62　　　　　　　　　图 3-63

（31）选择"圆角矩形"工具 ▢，在属性栏中将"填充"颜色设为绿色（27、229、141），在图像窗口中适当的位置绘制圆角矩形，如图 3-64 所示，在"图层"控制面板中生成新的形状图层"圆角矩形 5"。

（32）选择"横排文字"工具 T，在适当的位置输入需要的文字并选取文字，在"字符"面板中，将"颜色"设为蓝灰色（69、69、83），其他选项的设置如图 3-65 所示，按 Enter 键确认操作。效果如图 3-66 所示，在"图层"控制面板中生成新的文字图层。

（33）选择"椭圆"工具 ◯，在属性栏中的"选择工具模式"选项中选择"形状"，将"填充"颜色设为蓝灰色（69、69、83），"描边"颜色设为无。按住 Shift 键的同时，在图像窗口中适当的位置绘制圆形，如图 3-67 所示，在"图层"控制面板中生成新的形状图层"椭圆 1"。

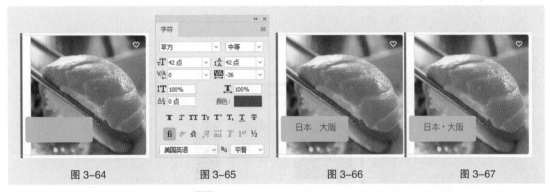

图 3-64　　　　　　　图 3-65　　　　　　　图 3-66　　　　　　　图 3-67

（34）选择"横排文字"工具 T，在适当的位置输入需要的文字并选取文字，在"字符"面板中，将"颜色"设为蓝灰色（146、146、175），其他选项的设置如图 3-68 所示，在"图层"控制面板中生成新的文字图层。按住 Shift 键的同时，单击"圆角矩形 4"图层，将需要的图层同时选取，按 Ctrl+G 组合键，群组图层并将其命名为"日本大阪"。用相同的方法制作"寿司"图层组，效果如图 3-69 所示。

（35）按住 Shift 键的同时，单击"美食精选"图层，将需要的图层同时选取，按 Ctrl+G 组合键，群组图层并将其命名为"美食精选"，如图 3-70 所示。

（36）选择"视图 > 新建参考线"命令，弹出"新建参考线"对话框，在 2 542 像素（距离上方文字 80 像素）的位置建立参考线，设置如图 3-71 所示。单击"确定"按钮，完成参考线的创建。

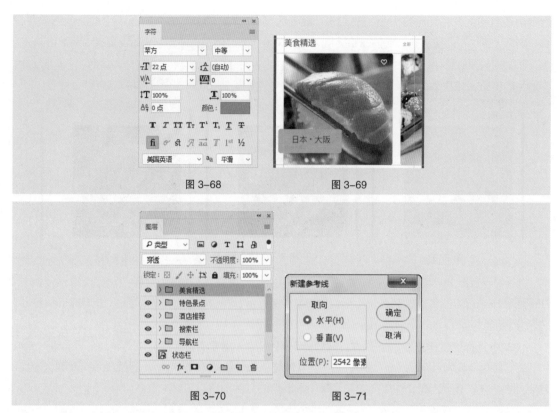

图 3-68　　　　　　　　　　图 3-69

图 3-70　　　　　　　　　　图 3-71

（37）用上述方法建立参考线，并制作"其他推荐"图层组，如图 3-72 所示，效果如图 3-73 所示。按住 Shift 键的同时，单击"酒店推荐"图层组，将需要的图层同时选取，按 Ctrl+G 组合键，群组图层并将其命名为"内容区"，如图 3-74 所示。

（38）按 Ctrl+S 组合键，弹出"存储为"对话框，将其命名为"制作旅游类 App 首页"，保存为 psd 格式。单击"保存"按钮，弹出"Photoshop 格式选项"对话框，单击"确定"按钮，将文件保存，旅游类 App 首页制作完成。

图 3-72　　　　　　　　　图 3-73　　　　　　　　　图 3-74

3.1.2　状态栏

状态栏（Status Bars）是 iPhone 最上方用来显示时间、运营商信息、电池电量的区域，如图 3-75 所示。

状态栏是背景完全透明的，在 @2x 下，状态栏的高度为 40 像素，如图 3-76 所示。

图 3-75 白色状态栏（左）与黑色状态栏（右）

图 3-76 iPhone 6/7/8 的状态栏尺寸

3.1.3 导航栏

导航栏（Navigation Bars）位于状态栏下方，是半透明的（70%）。通常，导航栏的中间是页面标题，左右放置功能图标，其尺寸如图 3-77 所示。

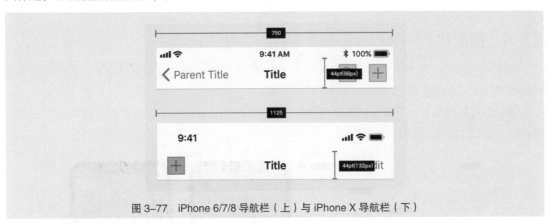

图 3-77 iPhone 6/7/8 导航栏（上）与 iPhone X 导航栏（下）

1. 导航栏标题

标题主要用于标明当前页面，当需要特别强调内容时，建议使用大标题，如图 3-78 所示。

图 3-78 正常标题（左）与大标题（右）

大标题导航栏的尺寸如图 3-79 所示。大标题由于太占空间，并不能像传统导航一样固定在页面顶部。因此在滑动页面时，大标题会变成正常导航栏的 64pt（@2x 是 128 像素）的高度。

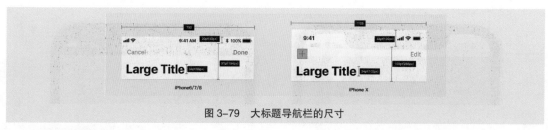

图 3-79　大标题导航栏的尺寸

2. 导航栏控件

导航栏通常应该只包含视图的当前标题、返回按钮和搜索、添加或更多等一个管理视图内容的控件。如果在导航栏中使用分段控件，则不应包含标题或除分段控件之外的任何控件，如图 3-80 所示。

导航栏控件尺寸如图 3-81 所示。

图 3-80　界面中的导航栏　　　　　　图 3-81　导航栏控件尺寸

3.1.4　搜索栏

搜索栏（Search Bars）通过在字段中输入文本来进行相关查找，在默认状态下，分别有大和小两种模式，其尺寸如图 3-82 所示。

搜索栏通常都包含一个用于删除该内容的"清除"按钮，同时大多数搜索栏包含一个用于取消搜索的"取消"按钮，如图 3-83 所示。

图 3-82　搜索栏的尺寸　　　　　　图 3-83　搜索栏中的清除按钮和取消按钮

搜索栏可以显示提示文本及在下方提供有用的结果列表和其他内容，这两种方法都可以帮助用户更快地获取内容，如图 3-84 所示。

3.1.5　范围栏

当有明确定义的类别可供搜索时，将范围栏添加到搜索栏可以优化搜索范围，如图 3-85 所示。

3.1.6　标签栏

标签栏（Tab Bars）位于应用程序屏幕底部，用于组织整个应用层面的信息结构，是半透明的（70%）。标签栏一次最多承载 5 个标签，如图 3-86 所示。多于 5 个的图标以列表形式收纳到"更多"里。标签栏的设计尺寸如图 3-87 所示。

图 3-84　搜索栏中的提示文本和下方的结果列表　　　　图 3-85　范围栏

图 3-86　界面中的标签栏　　　　图 3-87　标签栏的设计尺寸

标签栏图标的选中状态应该是彩色的，来区别于非选中状态，如图 3-88 所示。在视觉上，标签栏图标一致且平衡，其设计规范在规范章节中已经进行了详尽的剖析，这里不再赘述。

图 3-88　选中标签栏图标的显示状态

3.1.7　工具栏

工具栏（Tool Bars）位于应用程序屏幕底部，包含用于执行与当前视图或其中内容相关的操作的按钮，是半透明的（70%）。工具栏高度略窄，它的高度是 44pt（@2x 是 88 像素）。当需要 3 个以上的工具栏按钮时，建议使用图标，如图 3-89 所示。

图 3-89　工具栏

3.2 视图

iOS 视图作为 iOS 界面的组成元素，可以针对不同的内容进行选用，同时产生不同的交互效果，给用户带来自然、流畅的体验。

3.2.1 课堂案例——制作旅游类 App 相册页

【案例学习目标】学习使用绘图工具、文字工具和"创建剪贴蒙版"命令制作旅游类 App 相册页。

【案例知识要点】使用"移动"工具移动素材，使用"置入"命令置入图片，使用"剪贴蒙版"命令调整图片显示区域，使用"横排文字"工具输入文字，使用"矩形"工具绘制基本形状，最终效果如图 3-90 所示。

【效果所在位置】Ch03/ 效果 / 制作旅游类 App/ 制作旅游类 App 相册页 .psd。

制作旅游类
App 相册页

图 3-90

1. 制作状态栏和导航栏

（1）按 Ctrl+N 组合键，弹出"新建文档"对话框，设置宽度为 750 像素，高度为 1 334 像素，分辨率为 72 像素 / 英寸，如图 3-91 所示，单击"创建"按钮，完成文档的新建。

图 3-91

（2）选择"视图 > 新建参考线版面"命令，弹出"新建参考线版面"对话框，设置如图 3-92 所示。单击"确定"按钮，完成参考线的创建。用相同的方法再次打开"新建参考线版面"对话框，设置如图 3-93 所示，单击"确定"按钮，效果如图 3-94 所示。

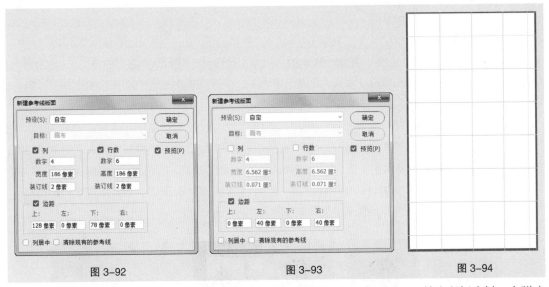

图 3-92　　　　　　　　　　图 3-93　　　　　　　　　　图 3-94

（3）在"制作旅游类 App 首页"图像窗口中，选择"状态栏"图层。单击鼠标右键，在弹出的菜单中选择"复制图层"命令，在弹出的对话框中进行设置，如图 3-95 所示，单击"确定"按钮，效果如图 3-96 所示。

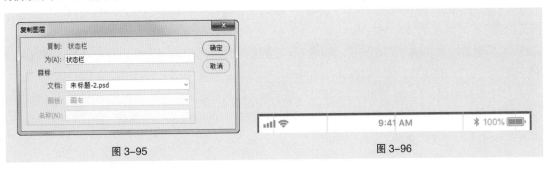

图 3-95　　　　　　　　　　　　　　　　图 3-96

（4）按 Ctrl + O 组合键，打开云盘中的"Ch03 > 素材 > 制作旅游类 App 相册页 > 02"文件。选择"移动"工具 ⊕，将"返回"图形拖曳到图像窗口中距离上方图形 46 像素的位置，效果如图 3-97 所示，在"图层"控制面板中生成新的形状图层"返回"。

（5）选择"横排文字"工具 T，在适当的位置输入需要的文字并选取文字，选择"窗口 > 字符"命令，弹出"字符"面板，在"字符"面板中，将"颜色"设为灰色（146、146、175），其他选项的设置如图 3-98 所示，按 Enter 键确认操作，效果如图 3-99 所示。按住 Shift 键的同时，单击"返回"图层，将需要的图层同时选取，按 Ctrl+G 组合键，群组图层并将其命名为"导航栏"。

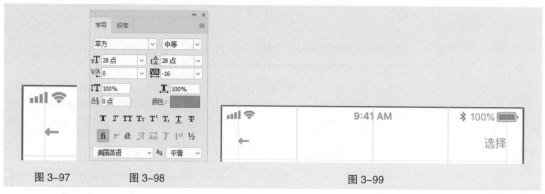

图 3-97　　　　　图 3-98　　　　　　　　　　图 3-99

2. 制作内容区

（1）选择"矩形"工具 □，在属性栏中的"选择工具模式"选项中选择"形状"，将"填充"颜色设为灰色（170、170、170），"描边"颜色设为无。在适当的位置绘制矩形，如图 3-100 所示，在"图层"控制面板中生成新的形状图层"矩形 1"。

（2）选择"文件 > 置入嵌入对象"命令，弹出"置入嵌入的对象"对话框，选择云盘中的"Ch03 > 素材 > 制作旅游类 App 相册页 > 03"文件，单击"置入"按钮，将图片置入到图像窗口中，拖曳到适当的位置并调整其大小，按 Enter 键确认操作，在"图层"控制面板中生成新的图层并将其命名为"图 1"。按 Alt+Ctrl+G 组合键，为"图 1"图层创建剪贴蒙版，效果如图 3-101 所示。

（3）用相同的方法制作其他图形，效果如图 3-102 所示。

图 3-100　　　　　图 3-101　　　　　　　　　　图 3-102

（4）按住 Shift 键的同时，单击"矩形 1"图层，将需要的图层同时选取，按 Ctrl+G 组合键，群组图层并将其命名为"第一排"，如图 3-103 所示。用相同的方法制作其他图层组，如图 3-104 所示。按住 Shift 键的同时，单击"第一排"图层，将需要的图层同时选取。按 Ctrl+G 组合键，群组图层并将其命名为"内容区"，效果如图 3-105 所示。

（5）按 Ctrl+S 组合键，弹出"存储为"对话框，将其命名为"旅游类 App 相册页"，保存为 psd 格式。单击"保存"按钮，弹出"Photoshop 格式选项"对话框，单击"确定"按钮，将文件保存，旅游类 App 相册页制作完成。

图 3-103　　　　　　　图 3-104　　　　　　　图 3-105

3.2.2　操作列表

操作列表（Action Sheets）是一种特殊的弹窗形式，用来反馈特定交互动作，通常包含两个或更多的选项。使用操作列表是为了让用户启动任务，或者确认不可撤销的交互动作。在小屏设备上，操作列表内容由下向上滑动显示；而在大屏设备上，操作列表内容作为弹窗全部显示，如图 3-106所示。

图 3-106　操作列表

3.2.3　活动视图

活动视图（Activity Views）是用于执行应用中特定任务的视图，如复制、收藏、查找。一旦启动，可以立即执行任务，或者逐步完成多步任务。活动都由活动视图来管理的，是采用表单样式还是展开显示取决于设备屏幕的大小和方向，如图 3-107 所示。

3.2.4　警告窗

　　警告窗（Alerts）用来传达反馈应用程序或设备状态相关的重要信息，由标题、可选消息、一个或多个按钮，以及解释说明文字字段组成。除了这些可配置的元素，弹窗的视觉样式是不可自定义的，如图 3-108 所示。

图 3-107　活动视图　　　　　　　　　图 3-108　警告窗

3.2.5　集合视图

　　集合视图（Collections）是一组有序内容，如一组照片，布局形式可自定义并高度可视化。通常，集合视图非常适合展示图像内容。可以自定义背景和其他装饰视图，从视觉上区分图片子集，如图 3-109 所示。

3.2.6　图像视图

　　图像视图（Image Views）在透明或不透明背景上显示单个图片或图片序列。在图像视图中，图像可以被拉伸、缩放或固定到特定位置。默认情况下，图像视图没有交互，如图 3-110 所示。

图 3-109　集合视图　　　　　　　　　图 3-110　图像视图

3.2.7 地图视图

地图（Maps）视图，能够在应用中显示地理数据，并支持内置地图应用提供的大部分功能。地图视图可以配置为显示标准地图、卫星图像或两者兼备。它包括图钉和覆盖物，并支持缩放和平移，如图 3-111 所示。

图 3-111　通常，保持地图的互动性，使用用户预期的图钉颜色

3.2.8 页面浏览控制器

页面（Pages）浏览控制器提供了一种在文档、书籍、记事本或日历之间的内容页线性导航方式，它使用滚动、卷曲管理页面之间的转换。滚动过渡没有特定的外观，页面可以流畅地从一个滚动到下一个；当用户在屏幕上滑动时，卷曲转换会使页面卷曲，就像现实世界中的书一样，如图 3-112 所示。

图 3-112　滚动过渡（左）与卷曲转换（右）

3.2.9　课堂案例——制作旅游类 App 登机牌页

【案例学习目标】学习使用绘图工具、文字工具和"减去顶层形状"命令制作旅游类 App 登机牌页。

【案例知识要点】使用"移动"工具移动素材，使用"置入"命令置入图片，使用"矩形"工具、"圆角矩形"工具、"椭圆"工具、"直线"工具绘制基本形状，使用"减去顶层形状"命令调整形状，使用"横排文字"工具输入文字，如图 3-113 所示。

【效果所在位置】Ch03/ 效果 / 制作旅游类 App/ 制作旅游类 App 登机牌页 .psd。

制作旅游类
App 登机牌页

图 3-113

1．制作底图和导航栏

（1）按 Ctrl+N 组合键，弹出"新建文档"对话框，设置宽度为 750 像素，高度为 1 334 像素，分辨率为 72 像素 / 英寸，如图 3-114 所示，单击"创建"按钮，完成文档的新建。

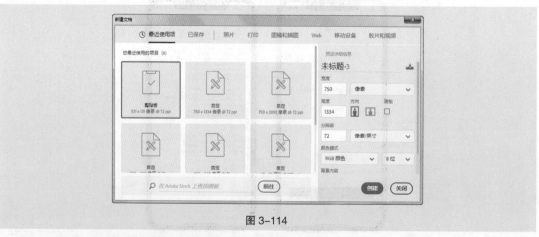

图 3-114

（2）选择"视图 > 新建参考线版面"命令，弹出"新建参考线版面"对话框，设置如图 3-115 所示。单击"确定"按钮，完成参考线的创建，效果如图 3-116 所示。

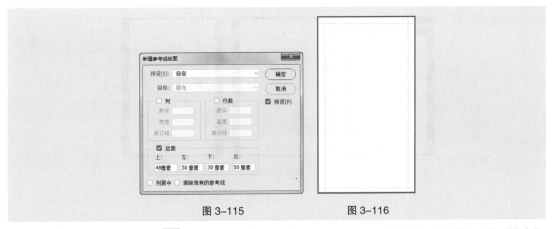

图 3-115   图 3-116

（3）选择"矩形"工具 ▢.，在属性栏中的"选择工具模式"选项中选择"形状"，将"填充"颜色设为灰色（87、87、100），"描边"颜色设为无。绘制一个与页面大小相同的矩形，如图 3-117 所示，在"图层"控制面板中生成新的形状图层"矩形 1"。

（4）选择"文件 > 置入嵌入对象"命令，弹出"置入嵌入的对象"对话框，选择云盘中的"Ch03 > 素材 > 制作旅游类 App 登机牌页 > 01"文件，单击"置入"按钮，将图片置入到图像窗口中，拖曳到适当的位置，按 Enter 键确认操作，效果如图 3-118 所示，在"图层"控制面板中生成新的图层并将其命名为"地图"。按住 Shift 键的同时，单击"矩形 1"图层，将需要的图层同时选取。按 Ctrl+G 组合键，群组图层并将其命名为"底图"。

（5）按 Ctrl + O 组合键，打开云盘中的"Ch03 > 素材 > 制作旅游类 App 登机牌页 > 02"文件，选择"移动"工具 ✛.，将"关闭"图形拖曳到图像窗口中适当的位置，在"图层"控制面板中生成新的形状图层"关闭"。用相同的方法拖曳"分享"图像到适当的位置，效果如图 3-119 所示。按住 Shift 键的同时，单击"关闭"图层，将需要的图层同时选取，按 Ctrl+G 组合键，群组图层并将其命名为"导航栏"。

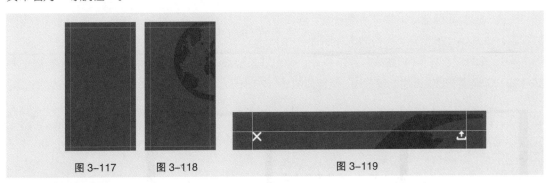

图 3-117   图 3-118   图 3-119

2. 制作内容区

（1）选择"圆角矩形"工具 ▢.，在属性栏中的"选择工具模式"选项中选择"形状"，将"填充"颜色设为白色，"描边"颜色设为无，"半径"选项设为 12 像素，在距离上方形状 68 像素的位置绘制圆角矩形，如图 3-120 所示，在"图层"控制面板中生成新的形状图层"圆角矩形 1"。

（2）选择"椭圆"工具 ◯.，在属性栏中单击"路径操作"按钮 ▢.，在弹出的菜单中选择"减去顶层形状"命令，按住 Shift 键的同时，在适当的位置绘制圆形，如图 3-121 所示。用相同的方法再次绘制圆形，如图 3-122 所示。

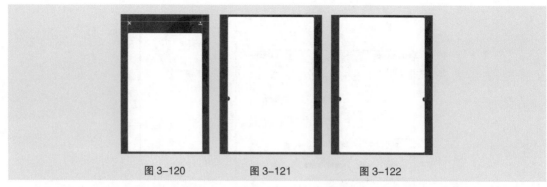

图 3-120　　　　　　　图 3-121　　　　　　　图 3-122

（3）单击"图层"控制面板下方的"添加图层样式"按钮 *fx.*，在弹出的菜单中选择"投影"命令，弹出对话框，将投影颜色设为灰色（36、36、40），其他选项的设置如图 3-123 所示，单击"确定"按钮，效果如图 3-124 所示。

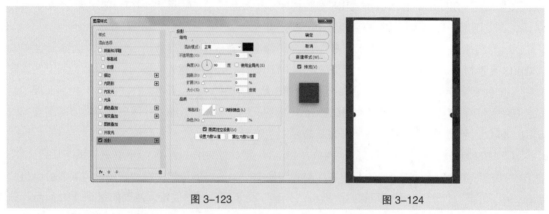

图 3-123　　　　　　　　　　　　　　　　图 3-124

（4）用相同的方法制作"圆角矩形 2"图层。在"图层"控制面板上方，将"不透明度"选项设为 50%，按 Enter 键确认操作，效果如图 3-125 所示。用相同的方法制作"圆角矩形 3"图层，在"图层"控制面板上方，将"不透明度"选项设为 25%，按 Enter 键确认操作。拖曳图层调整图层顺序，如图 3-126 所示，图像效果如图 3-127 所示。

（5）选择"视图 > 新建参考线"命令，弹出"新建参考线"对话框，在 220 像素（距离上方参考线 172 像素）的位置建立参考线，设置如图 3-128 所示，单击"确定"按钮，完成参考线的创建。

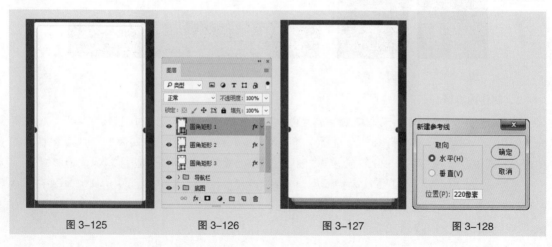

图 3-125　　　　　　图 3-126　　　　　　图 3-127　　　　　　图 3-128

（6）选择"文件 > 置入嵌入对象"命令，弹出"置入嵌入的对象"对话框，选择云盘中的"Ch03 > 素材 > 制作旅游类 App 登机牌页 > 03"文件，单击"置入"按钮，将图片置入到图像窗口中，拖曳到适当的位置并调整其大小，按 Enter 键确认操作，在"图层"控制面板中生成新的图层并将其命名为"logo"，效果如图 3-129 所示。

（7）选择"矩形"工具 □，在属性栏中将"填充"颜色设为灰色（231、234、243），在图像窗口中适当的位置绘制矩形，如图 3-130 所示，在"图层"控制面板中生成新的形状图层"矩形 2"。

（8）选择"视图 > 新建参考线"命令，弹出"新建参考线"对话框，在 320 像素（距离上方图形 80 像素）的位置建立参考线，设置如图 3-131 所示。单击"确定"按钮，完成参考线的创建。

图 3-129   图 3-130   图 3-131

（9）选择"横排文字"工具 T，在适当的位置输入需要的文字并选取文字，在"字符"面板中，将"颜色"设为蓝灰色（69、69、83），其他选项的设置如图 3-132 所示，按 Enter 键确认操作。再次在适当的位置输入需要的文字并选取文字，在"字符"面板中进行设置，如图 3-133 所示，按 Enter 键确认操作，效果如图 3-134 所示，在"图层"控制面板中分别生成新的文字图层。

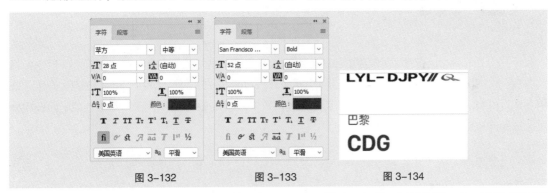

图 3-132   图 3-133   图 3-134

（10）用相同的方法输入其他文字，效果如图 3-135 所示。在"02"图像窗口中，选择"移动"工具 ✛，选中"飞机"图层，将其拖曳到图像窗口中适当的位置并调整大小，效果如图 3-136 所示，在"图层"控制面板中生成新的形状图层"飞机"。

图 3-135   图 3-136

（11）选择"直线"工具 ∕，在属性栏中的"选择工具模式"选项中选择"形状"，将"填充"颜色设为无，"描边"颜色设为蓝灰色（205、212、232），"粗细"选项设为 1 像素。按住 Shift 键的同时，在距离上方文字 52 像素的位置绘制直线，如图 3-137 所示，在"图层"控制面板中生成新的形状图层"形状 1"。按住 Shift 键的同时，单击"巴黎"图层，将需要的图层同时选取，按 Ctrl+G 组合键，群组图层并将其命名为"路线"。

（12）选择"视图 > 新建参考线"命令，弹出"新建参考线"对话框，在508像素（距离上方形状44像素）的位置建立参考线，设置如图3-138所示。单击"确定"按钮，完成参考线的创建。

图 3-137   图 3-138

（13）选择"横排文字"工具 **T.**，在适当的位置分别输入需要的文字并选取文字，在"字符"面板中，将"颜色"设为灰色（146、146、175），其他选项的设置如图3-139所示，按Enter键确认操作，效果如图3-140所示。用相同的方法输入其他文字，效果如图3-141所示。

图 3-139   图 3-140   图 3-141

（14）在距离上方文字34像素的位置分别输入需要的文字并选取文字，在"字符"面板中，将"颜色"设为深灰色（69、69、83），其他选项的设置如图3-142所示，按Enter键确认操作，效果如图3-143所示。用相同的方法输入其他文字，效果如图3-144所示，在"图层"控制面板中分别生成新的文字图层。

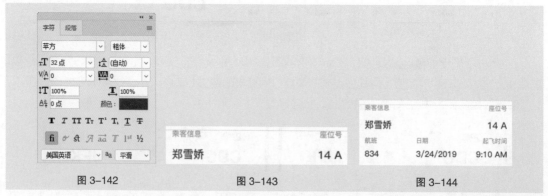

图 3-142   图 3-143   图 3-144

（15）选择"直线"工具 ✐，在属性栏中将"填充"颜色设为无，"描边"颜色设为蓝灰色（205、212、232），"粗细"选项设为2像素。单击"设置形状描边类型"按钮，在弹出的菜单中单击"更多选项"按钮，弹出"描边"对话框，选项的设置如图3-145所示，单击"确定"按钮。按住Shift键的同时，在距离上方文字62像素的位置绘制直线，如图3-146所示，在"图层"控制面板中生成新的形状图层"形状2"。

图 3-145　　　　　　　　　　　　　　　　图 3-146

（16）选择"视图 > 新建参考线"命令，弹出"新建参考线"对话框，在 800 像素（距离上方形状 46 像素）的位置建立参考线，设置如图 3-147 所示，单击"确定"按钮，完成参考线的创建。

（17）用上述方法输入其他文字。选中需要的文字，将"颜色"设为绿色（27、229、141），填充文字，效果如图 3-148 所示。按住 Shift 键的同时，单击"郑雪娇"图层，将需要的图层同时选取，按 Ctrl+G 组合键，群组图层并将其命名为"信息"。

图 3-147　　　　　　　　　　　　图 3-148

（18）在"02"图像窗口中，选择"移动"工具 ，选中"二维码"图层，将其拖曳到距离上方文字 52 像素的位置并调整大小，效果如图 3-149 所示，在"图层"控制面板中生成新的形状图层"二维码"。

（19）按住 Shift 键的同时，单击"圆角矩形 3"图层，将需要的图层同时选取，按 Ctrl+G 组合键，群组图层并将其命名为"登机牌"，如图 3-150 所示。

图 3-149　　　　　　　　　　　　图 3-150

3．制作信息栏

（1）选择"横排文字"工具 ，在适当的位置输入需要的文字并选取文字，在"字符"面板中，将"颜色"设为白色，其他选项的设置如图 3-151 所示，按 Enter 键确认操作，效果如图 3-152 所示，在"图层"控制面板中生成新的文字图层。

（2）在"02"图像窗口中，选择"移动"工具 ，选中"上一页"图层，将其拖曳到图像窗口中适当的位置并调整大小，在"图层"控制面板中生成新的形状图层"上一页"。用相同的方法拖曳并调整"下一层"图层，效果如图 3-153 所示。按住 Shift 键的同时，单击"1/3"图层，将需要的图层同时选取，按 Ctrl+G 组合键，群组图层并将其命名为"信息栏"。

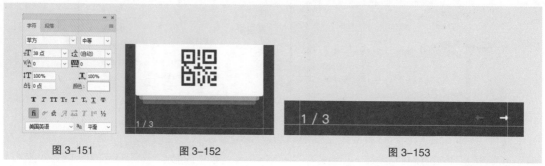

图 3-151   图 3-152   图 3-153

（3）按 Ctrl+S 组合键，弹出"存储为"对话框，将其命名为"制作旅游类 App 登机牌页"，保存为 psd 格式。单击"保存"按钮，弹出"Photoshop 格式选项"对话框，单击"确定"按钮，将文件保存，旅游类 App 登机牌页制作完成。

3.2.10 弹出框

弹出框（Popover）是一种临时视图，当用户点击控件或区域时，它会显示在屏幕上的其他内容上方。通常，弹出框应在 iPad 应用中使用，如图 3-154 所示。在 iPhone 应用中，建议在全屏模式视图中呈现信息，而不是在弹出框中。

图 3-154 弹出框在 iPad 中的应用

3.2.11 滚动视图

滚动视图（Scroll Views）允许用户浏览大于可见区域的内容，如文档中的文本或图像集合，如图 3-155 所示。当用户滑动、轻拂、拖动、点按和捏住时，滚动视图会跟随手势，以自然的方式显示或缩放内容。滚动视图本身没有外观，但是与用户交互时，它会显示临时滚动指示器。滚动视图还可以配置为在分页模式下操作，其中滚动显示全新的内容页面，而不是移动当前页面。

3.2.12 分屏视图

分屏视图（Split Views）管理两个并排的内容窗格的显示，主窗格中的常驻内容及辅窗格中的相关信息，如图 3-156 所示。每个窗格可以包含各种元素，包括导航栏、工具栏、标签栏、表格、集合、图像、地图和自定义视图。如果应用需要，主窗格可以覆盖辅窗格，并且在可以不使用时隐藏屏幕。

图 3-155　滚动视图　　　　　　　　　　　图 3-156　分屏视图

3.2.13　表单视图

表单（Tables）视图以一个可滚动的单列多行的形式来展示一段或一组数据。表格以列表的形式，简洁、高效地显示大量或少量的信息。通常，表格最好用来展示文字内容，而且经常以导航的方式出现在分栏视图的一侧，另一侧显示相关内容。在 iOS 中，表单有常规和分组两种样式，如图 3-157所示。

图 3-157　表单视图

3.2.14　文字视图

文字（Text Views）视图用于显示多行样式的文本内容。文字视图可以是任何高度，当内容扩展到视图之外时使用滚动。默认情况下，文字视图中的内容是左对齐的，并使用黑色的系统字体。如果文字视图可编辑，那么在用户单击视图时会出现键盘，如图 3-158 所示。

3.2.15　网络视图

网络视图（Web Views）直接在应用中加载和显示丰富的网站内容，如嵌入式 HTML 和网站。典型的有，邮箱在消息中，使用网络视图显示 HTML 内容，如图 3-159 所示。

图 3-158　文字视图　　　　　　　　　图 3-159　网络视图

3.3　控件

　　iOS 12 将先进的 iOS 移动操作系统又一次提升至新标准。本次系统升级将 iPhone 和 iPad 变得更为强大、更具个性化，同时也变得更为智能。

3.3.1　课堂案例——制作旅游类 App 酒店列表页

　　【案例学习目标】学习使用绘图工具、文字工具和"创建剪贴蒙版"命令制作旅游类 App 酒店列表页。

　　【案例知识要点】使用"移动"工具移动素材，使用"置入命令"置入图片，使用"剪贴蒙版"命令调整图片显示区域，使用"横排文字"工具输入文字，使用"圆角矩形"工具绘制基本形状，如图 3-160 所示。

　　【效果所在位置】Ch03/ 效果 / 制作旅游类 App/ 制作旅游类 App 酒店列表页 .psd。

制作旅游类
App 酒店列表
页 1

制作旅游类
App 酒店列表
页 2

图 3-160

1. 制作状态栏

（1）按 Ctrl+N 组合键，弹出"新建文档"对话框，设置宽度为 750 像素，高度为 2 888 像素，分辨率为 72 像素 / 英寸，如图 3-161 所示，单击"创建"按钮，完成文档的新建。

（2）选择"视图 > 新建参考线版面"命令，弹出"新建参考线版面"对话框，设置如图 3-162 所示。单击"确定"按钮，完成参考线的创建，效果如图 3-163 所示。

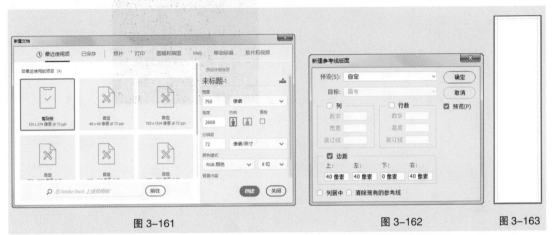

| 图 3-161 | 图 3-162 | 图 3-163 |

（3）选择"文件 > 置入嵌入对象"命令，弹出"置入嵌入的对象"对话框，选择云盘中的"Ch03 > 素材 > 制作旅游类 App 酒店列表页 > 01"文件，单击"置入"按钮，将图片置入到图像窗口中，并拖曳到适当的位置，按 Enter 键确认操作，效果如图 3-164 所示，在"图层"控制面板中生成新的图层并将其命名为"状态栏"。

图 3-164

2. 制作图标

（1）按 Ctrl+N 组合键，弹出"新建文档"对话框，名称设为"02"，宽度设为 48 像素，高度设为 48 像素，分辨率为 72 像素 / 英寸，"背景内容"设为黑色，如图 3-165 所示，单击"创建"按钮，完成文档的新建。

图 3-165

（2）选择"视图 > 新建参考线版面"命令，弹出"新建参考线版面"对话框，设置如图 3-166 所示。单击"确定"按钮，完成参考线的创建，效果如图 3-167 所示。

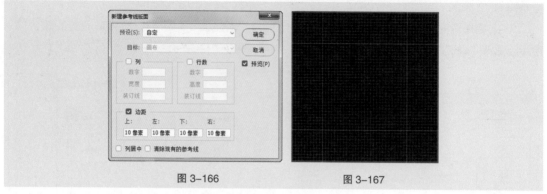

图 3-166　　　　　　　　图 3-167

（3）"返回"图标效果图及解析图，如图 3-168 所示。

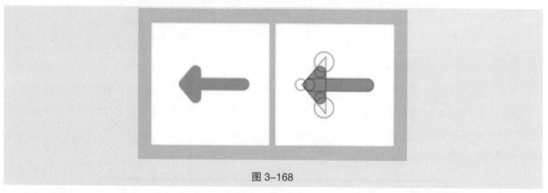

图 3-168

（4）在"02"图像窗口中，选择"多边形"工具 ，在属性栏中的"选择工具模式"选项中选择"形状"，将"填充"颜色设为灰色（157、163、180），"描边"颜色设为无，"边"选项设置为 3，在图像窗口中适当的位置绘制三角形，如图 3-169 所示，在"图层"控制面板中生成新的形状图层"多边形 1"。

（5）按 Ctrl+T 组合键，在图形周围出现变换框，拖曳右边线中心控制点到适当的位置，按 Enter 键确认操作，效果如图 3-170 所示。

（6）选择"椭圆"工具 ，在属性栏中的"选择工具模式"选项中选择"形状"，按住 Shift 键的同时，在适当的位置绘制圆形。在属性栏中将"填充"颜色设为白色，"描边"颜色设为无，如图 3-171 所示，在"图层"控制面板中生成新的形状图层"椭圆 1"。用相同的方法再次绘制一个圆形，在"图层"控制面板中生成新的形状图层"椭圆 2"。按 Ctrl+J 组合键，复制图层，在"图层"控制面板中生成新的形状图层"椭圆 2 拷贝"。选择"移动"工具 ，将其拖曳到适当的位置，如图 3-172 所示。

（7）选中"多边形 1"图层，在属性栏中单击"路径操作"按钮 ，在弹出的菜单中选择"减去顶层形状"命令，按住 Shift 键的同时，在适当的位置绘制圆形。用相同的方法再次绘制另外两个圆形，效果如图 3-173 所示。

（8）在"图层"控制面板中选择"椭圆 1"图层，按住 Shift 键的同时，单击"椭圆 2 拷贝"图层，将需要的图层同时选取，按 Ctrl+E 组合键，合并图层，并将其命名为"圆角"，如图 3-174 所示。

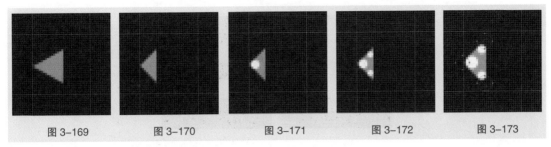

图 3-169 　　　　 图 3-170 　　　　 图 3-171 　　　　 图 3-172 　　　　 图 3-173

（9）选择"路径选择"工具 ，按住 Shift 键的同时，选中"圆角"图层中的形状，如图 3-175 所示。在属性栏中单击"路径操作"按钮 ，在弹出的菜单中选择"合并形状"命令，按 Ctrl+X 组合键，剪切形状。选中"多边形 1"图层，按 Ctrl+V 组合键，粘贴形状，如图 3-176 所示。

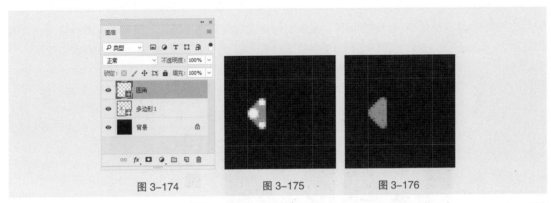

图 3-174 　　　　　　　　 图 3-175 　　　　　　 图 3-176

（10）选择"圆角矩形"工具 ，在属性栏中将"填充"颜色设为灰色（157、163、180），"描边"颜色设为无，"半径"选项设置为 4 像素。在属性栏中单击"路径操作"按钮 ，在弹出的菜单中选择"合并形状"命令，在适当的位置绘制圆角矩形，效果如图 3-177 所示。在"图层"控制面板中将其重命名为"返回"。

（11）"定位"图标效果图及解析图，如图 3-178 所示。

图 3-177 　　　　　　　　　　 图 3-178

（12）单击"返回"图层左侧的眼睛图标 ，将图层隐藏。

（13）选择"椭圆"工具 ，按住 Shift 键的同时，在适当的位置绘制圆形。在属性栏中将"填充"颜色设为绿色（27、229、141），"描边"颜色设为无，在"图层"控制面板中生成新的形状图层"椭圆 1"，效果如图 3-179 所示。

（14）在属性栏中单击"路径操作"按钮 ，在弹出的菜单中选择"减去顶层形状"命令，按住 Shift 键的同时，在适当的位置再次绘制圆形，效果如图 3-180 所示。

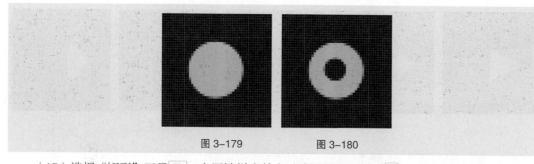

图 3-179　　　　　　　　　图 3-180

（15）选择"矩形"工具 ▢，在属性栏中单击"路径操作"按钮 ▣，在弹出的菜单中选择"合并形状"命令，按住 Shift 键的同时，在适当的位置绘制矩形，效果如图 3-181 所示。

（16）按 Ctrl+T 组合键，在图形周围出现变换框，将光标放在变换框的控制手柄右下角，光标变为旋转图标 ↗，按住 Shift 键的同时，拖曳光标将图形旋转到 −45°，按 Enter 键确认操作，效果如图 3-182 所示，在"图层"控制面板中将图层重命名为"定位"，如图 3-183 所示。

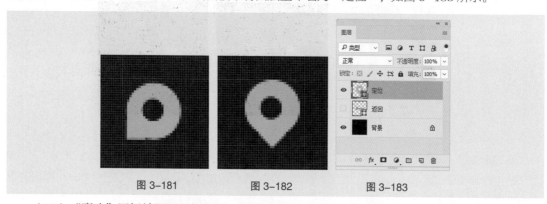

图 3-181　　　　　　　图 3-182　　　　　　　图 3-183

（17）"喜欢"图标效果图及解析图，如图 3-184 所示。

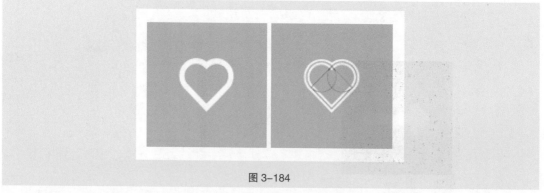

图 3-184

（18）单击"定位"图层组左侧的眼睛图标 ◉，将图层隐藏。

（19）选择"矩形"工具 ▢，在属性栏的"选择工具模式"选项中选择"形状"，将"粗细"选项设为 4 像素，"半径"选项设置为 2 像素，在图像窗口中适当的位置绘制圆角矩形，在"图层"控制面板中生成新的形状图层"矩形 1"。在属性栏中将"填充"颜色设为无，"描边"颜色设为白色，如图 3-185 所示。

（20）选择"椭圆"工具 ◉，在属性栏中单击"路径操作"按钮 ▣，在弹出的菜单中选择"合并形状"命令，按住 Shift 键的同时，在适当的位置绘制圆形，效果如图 3-186 所示。用相同的方法再次绘制一个圆形，效果如图 3-187 所示。

（21）按 Ctrl+T 组合键，在图形周围出现变换框，将光标放在变换框的控制手柄右下角，光标变为旋转图标 ↗，按住 Shift 键的同时，拖曳光标将图形旋转到 45°，按 Enter 键确认操作，效果如图 3-188 所示，在"图层"控制面板中将图层重命名为"喜欢"。

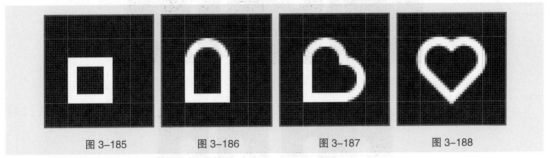

| 图 3-185 | 图 3-186 | 图 3-187 | 图 3-188 |

（22）单击"喜欢"图层左侧的眼睛图标 👁，将图层隐藏。单击"返回"图层左侧的空白 ▢ 图标，将图层显示。按 Ctrl+J 组合键，复制图层，在"图层"控制面板中生成新的形状图层。

（23）按 Ctrl+T 组合键，在图形周围出现变换框，将光标放在变换框的控制手柄右下角，光标变为旋转图标 ↗，按住 Shift 键的同时，拖曳光标将图形旋转到 180°，按 Enter 键确认操作。在属性栏中将填充颜色设为蓝灰色（69、69、83），填充图形，单击"返回"图层左侧的眼睛图标 👁，将图层隐藏，效果如图 3-189 所示，并将其命名为"前进"。

（24）"按钮"图标效果图及解析图，如图 3-190 所示。

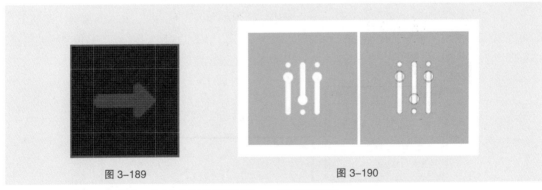

| 图 3-189 | 图 3-190 |

（25）单击"前进"图层左侧的眼睛图标 👁，将图层隐藏。

（26）选择"椭圆"工具 ⬭，按住 Shift 键的同时，在适当的位置绘制圆形。在属性栏中将"填充"颜色设为白色，"描边"颜色设为无，效果如图 3-191 所示。在属性栏中单击"路径操作"按钮 ▢，在弹出的菜单中选择"合并形状"命令，按住 Shift 键的同时，在适当的位置再次绘制一个圆形，效果如图 3-192 所示。

（27）选择"圆角矩形"工具 ▢，在属性栏中将"半径"选项设置为 2 像素，单击"路径操作"按钮 ▢，在弹出的菜单中选择"合并形状"命令，按住 Shift 键的同时，在适当的位置绘制圆角矩形，效果如图 3-193 所示。

（28）选择"路径选择"工具 ▸，用框选的方式全选形状。按住 Alt+Shift 组合键的同时，将选中的形状拖曳到适当的位置，复制形状，效果如图 3-194 所示。

（29）用相同的方法再次复制形状。按 Ctrl+T 组合键，在图形周围出现变换框，将光标放在变换框的控制手柄右下角，光标变为旋转图标 ↲，按住 Shift 键的同时，拖曳光标将图形旋转到 180°，按 Enter 键确认操作，效果如图 3-195 所示。在"图层"控制面板中将图层重命名为"按钮"。

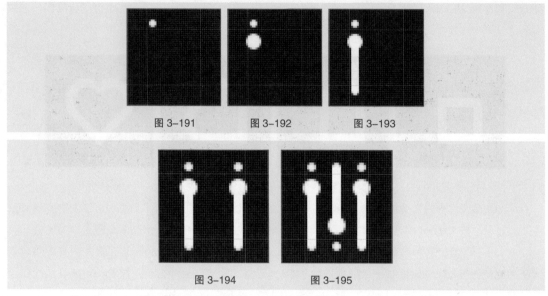

图 3-191　　　　图 3-192　　　　图 3-193

图 3-194　　　　图 3-195

（30）按 Ctrl+S 组合键，弹出"存储为"对话框，将其命名为"02"，保存为 psd 格式。单击"保存"按钮，弹出"Photoshop 格式选项"对话框，单击"确定"按钮，将文件保存。

3．制作导航栏

（1）选择"视图 > 新建参考线"命令，弹出"新建参考线"对话框，在 128 像素（距离上方参考线 88 像素）的位置建立参考线，设置如图 3-196 所示，单击"确定"按钮，完成参考线的创建，效果如图 3-197 所示。使用相同的方法，在 148 像素的位置建立参考线。

图 3-196　　　　　　　　　　　图 3-197

（2）在"02"图像窗口中，选择"移动"工具 ✛，选中"返回"图层，将其拖曳到"未标题 -1"图像窗口中距离上方参考线 38 像素的位置并调整大小，效果如图 3-198 所示，在"图层"控制面板中生成新的形状图层"返回"。用相同的方法拖曳并调整"定位"图层，效果如图 3-199 所示。

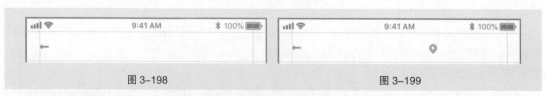

图 3-198　　　　　　　　　　　图 3-199

（3）选择"横排文字"工具 **T.**，在适当的位置输入需要的文字并选取文字，选择"窗口 > 字符"命令，弹出"字符"面板，在"字符"面板中将"颜色"设为蓝灰色（69、69、83），其他选项的设置如图 3-200 所示，按 Enter 键确认操作。再次选取需要的文字，在"字符"面板中，将"颜色"

设为浅灰色（146、146、175），按 Enter 键确认操作，效果如图 3-201 所示。

（4）按住 Shift 键的同时，单击"返回"图层，将需要的图层同时选取，按 Ctrl+G 组合键，群组图层并将其命名为"导航栏"。

图 3-200   图 3-201

4. 制作内容区

（1）选择"圆角矩形"工具 ◻，在属性栏中的"选择工具模式"选项中选择"形状"，将"填充"颜色设为灰色（191、191、191），"描边"颜色设为无，"半径"选项设为 12 像素，在距离上方参考线 20 像素的位置绘制圆角矩形，如图 3-202 所示，在"图层"控制面板中生成新的形状图层"圆角矩形 1"。

（2）选择"文件 > 置入嵌入对象"命令，弹出"置入嵌入的对象"对话框，选择云盘中的"Ch03 > 素材 > 制作旅游类 App 酒店列表页 > 03"文件，单击"置入"按钮，将图片置入到图像窗口中，拖曳到适当的位置并调整其大小，按 Enter 键确认操作，在"图层"控制面板中生成新的图层并将其命名为"图 1"。按 Alt+Ctrl+G 组合键，为"图 1"图层创建剪贴蒙版，效果如图 3-203 所示。

图 3-202   图 3-203

（3）在"02"图像窗口中，选择"移动"工具 ✛，选中"喜欢"图层，将其拖曳到图像窗口中适当的位置，效果如图 3-204 所示，在"图层"控制面板中生成新的形状图层"喜欢"。

（4）选择"椭圆"工具 ◯，按住 Shift 键的同时，在图像窗口中适当的位置绘制圆形，在属性栏中将"填充"颜色设为白色，"描边"颜色设为无，如图 3-205 所示，在"图层"控制面板中生成新的形状图层"椭圆 1"。

（5）按住 Shift 键的同时，再次绘制一个圆形，在"图层"控制面板中生成新的形状图层"椭圆 2"，并将其"不透明度"选项设为 40%，如图 3-206 所示。选择"移动"工具 ✛，按住

Alt+Shift 组合键的同时，拖曳圆形到适当的位置，复制圆形，效果如图 3-207 所示。

（6）按住 Shift 键的同时，单击"椭圆 1"图层，将需要的图层同时选取，按 Ctrl+G 组合键，群组图层并将其命名为"滑动点"。

图 3-204　　　　　　　　　　　图 3-205

图 3-206　　　　　　　　　　　图 3-207

（7）选择"横排文字"工具 T.，在距离上方图片 24 像素的位置输入需要的文字并选取文字，在"字符"面板中，将"颜色"设为蓝灰色（69、69、83），其他选项的设置如图 3-208 所示，按 Enter 键确认操作。再次在距离上方图片 28 像素处输入需要的文字，在"字符"面板中进行设置，如图 3-209 所示，按 Enter 键确认操作，效果如图 3-210 所示。

图 3-208　　　　　　图 3-209　　　　　　图 3-210

（8）选择"横排文字"工具 T.，在距离上方文字 18 像素的位置输入需要的文字并选取文字，在"字符"面板中，将"颜色"设为灰色（146、146、175），其他选项的设置如图 3-211 所示，按 Enter 键确认操作，效果如图 3-212 所示。

（9）选择"视图 > 新建参考线"命令，弹出"新建参考线"对话框，在 670 像素（距离上方图片 78 像素）的位置建立参考线，设置如图 3-213 所示，单击"确定"按钮，完成参考线的创建。

（10）选择"多边形"工具 〇.，在属性栏中的"选择工具模式"选项中选择"形状"，将"填充"颜色设为绿色（27、229、141），"描边"颜色设为无。"设置其他形状和路径"选项中勾选"星形"选项，"边"选项设为 5，在图像窗口中适当的位置绘制星形，如图 3-214 所示。在"图层"控制面板中生成新的形状图层并将其命名为"五颗星"。

（11）选择"路径选择"工具 ，按住 Alt+Shift 组合键的同时，拖曳形状到适当的位置，复制形状，如图 3-215 所示。用相同的方法复制多个星形，如图 3-216 所示。

图 3-211   图 3-212   图 3-213

图 3-214   图 3-215   图 3-216

（12）选择"横排文字"工具，在距离上方文字 16 像素的位置输入需要的文字并选取文字，在"字符"面板中，将"颜色"设为灰色（146、146、175），其他选项的设置如图 3-217 所示，按 Enter 键确认操作，效果如图 3-218 所示，在"图层"控制面板中生成新的文字图层。

（13）按住 Shift 键的同时，单击"圆角矩形 1"图层，将需要的图层同时选取，按 Ctrl+G 组合键，群组图层并将其命名为"纪念碑酒店"。

（14）选择"视图 > 新建参考线"命令，弹出"新建参考线"对话框，在 726 像素（距离上方形状 56 像素）的位置建立参考线，设置如图 3-219 所示，单击"确定"按钮，完成参考线的创建。

（15）用相同的方法建立其他参考线，并制作"加泰罗尼"和"博克利亚"图层组，效果如图 3-220 所示。

图 3-217   图 3-218   图 3-219   图 3-220

（16）单击打开"加泰罗尼"图层组，选中"295 评价"图层。

（17）选择"圆角矩形"工具 ◻，在属性栏中的"选择工具模式"选项中选择"形状"，将"填充"颜色设为绿色（27、229、141），"描边"颜色设为无，"半径"选项设为 12 像素，在距离上方参考线 46 像素的位置绘制圆角矩形，如图 3-221 所示，在"图层"控制面板中生成新的形状图层"圆角矩形 2"。在"属性"面板中进行设置，如图 3-222 所示，效果如图 3-223 所示。

图 3-221 　　　　　　图 3-222 　　　　　　图 3-223

（18）选中"五颗星"图层，将其更名为"四颗星"。按 Ctrl+J 组合键，复制图层，并将其命名为"一颗星"，如图 3-224 所示。

（19）选中"四颗星"图层，选择"路径选择"工具 ▶，选取最后一个星形，按 Delete 键将其删除。选中"一颗星"图层，选取前四个星形，按 Delete 键将其删除。在"图层"控制面板中，将"不透明度"选项设为 30%，按 Enter 键确认操作，如图 3-225 所示。

图 3-224 　　　　　　图 3-225

（20）选择"圆角矩形"工具 ◻，在适当的位置绘制圆角矩形，如图 3-226 所示，在"图层"控制面板中生成新的形状图层"圆角矩形 2"。按 Ctrl+J 组合键，复制图层，在"图层"控制面板中生成新的形状图层"圆角矩形 2 拷贝"。

（21）选择"文件 > 置入嵌入对象"命令，弹出"置入嵌入的对象"对话框，选择云盘中的"Ch03 > 素材 > 制作旅游类 App 酒店列表页 > 06"文件，单击"置入"按钮，将图片置入到图像窗口中，拖曳到适当的位置并调整其大小，按 Enter 键确认操作，在"图层"控制面板中生成新的图层并将其命名为"地图"。将"不透明度"选项设为 10%，按 Enter 键确认操作。按 Alt+Ctrl+G 组合键，为"地图"图层创建剪贴蒙版，效果如图 3-227 所示。

（22）选择"横排文字"工具 T，在适当的位置拖曳文本框，输入需要的文字并选取文字，在"字符"面板中，将"颜色"设为灰色（69、69、83），其他选项的设置如图 3-228 所示，按 Enter 键确认操作，效果如图 3-229 所示，在"图层"控制面板中生成新的文字图层。

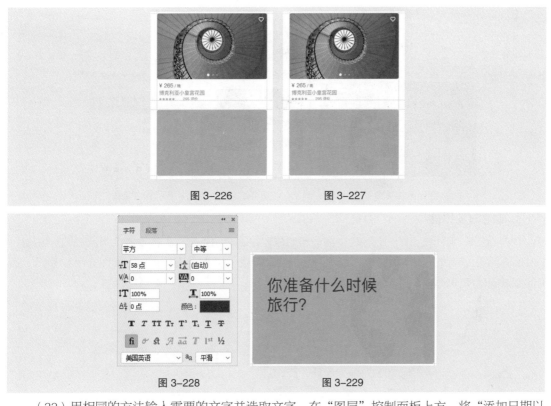

图 3-226　　　　　　　　　　图 3-227

图 3-228　　　　　　　　　　图 3-229

（23）用相同的方法输入需要的文字并选取文字，在"图层"控制面板上方，将"添加日期以获取…"图层的"不透明度"选项设为 30%，其他选项的设置如图 3-230 所示，按 Enter 键确认操作。再次输入文字，其他选项的设置如图 3-231 所示，按 Enter 键确认操作，效果如图 3-232 所示，在"图层"控制面板中分别生成新的文字图层。

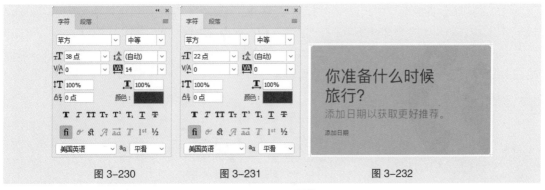

图 3-230　　　　　　　　图 3-231　　　　　　　　图 3-232

（24）在"02"图像窗口中，选择"移动"工具，选中"前进"图层，将其拖曳到图像窗口中适当的位置，效果如图 3-233 所示，在"图层"控制面板中生成新的形状图层"前进"。按住 Shift 键的同时，单击"圆角矩形 2"图层，将需要的图层同时选取，按 Ctrl+G 组合键，群组图层并将其命名为"添加日期"。

（25）用上述方法制作"格兰罗塞"图层组，效果如图 3-234 所示。按住 Shift 键的同时，单击"纪念碑酒店"图层组，将需要的图层同时选取，按 Ctrl+G 组合键，群组图层并将其命名为"内容区"，如图 3-235 所示。

图 3-233　　　　　　图 3-234　　　　　　图 3-235

5. 制作过滤按钮

（1）选择"圆角矩形"工具 ▢，在适当的位置绘制圆角矩形，如图 3-236 所示，在"图层"控制面板中生成新的形状图层"圆角矩形 3"。在"属性"面板中进行设置，如图 3-237 所示，按 Enter 键确认操作，效果如图 3-238 所示。

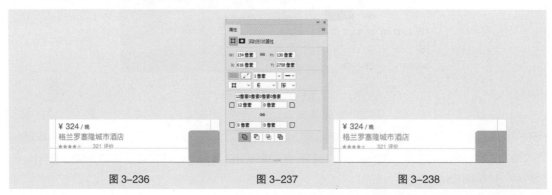

图 3-236　　　　　　图 3-237　　　　　　图 3-238

（2）在"02"图像窗口中，选择"移动"工具 ✥，选中"按钮"图层，将其拖曳到图像窗口中适当的位置，效果如图 3-239 所示，在"图层"控制面板中生成新的形状图层"按钮"。

（3）按住 Shift 键的同时，单击"圆角矩形 3"图层，将需要的图层同时选取，按 Ctrl+G 组合键，群组图层并将其命名为"过滤按钮"，如图 3-240 所示。

图 3-239　　　　　　图 3-240

（4）单击"图层"控制面板下方的"添加图层样式"按钮 ⨍，在弹出的菜单中选择"投影"命令，弹出对话框，设置投影颜色为蓝灰色（69、69、83），其他选项的设置如图 3-241 所示，按 Enter 键确认操作，效果如图 3-242 所示。

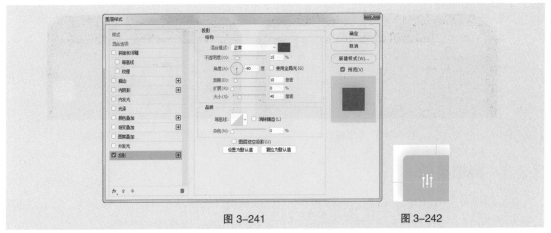

图 3-241   图 3-242

（5）按 Ctrl+S 组合键，弹出"存储为"对话框，将其命名为"制作旅游类 App 酒店列表页"，保存为 psd 格式。单击"保存"按钮，弹出"Photoshop 格式选项"对话框，单击"确定"按钮，将文件保存。旅游类 App 酒店列表页制作完成。

3.3.2 按钮

按钮（Buttons）适用于应用程序的特定操作，由标题或图标组成，并支持自定义。

1. 系统按钮

系统按钮（System Buttons）可以在任何地方使用，但通常显示在导航栏和工具栏中，如图 3-243 所示。

2. 详细信息按钮

详细信息按钮（Detail Disclosure Buttons）的触发可打开一个视图 （通常是模态视图）包含附加信息或本屏内相关选项的特定功能，如图 3-244 所示。

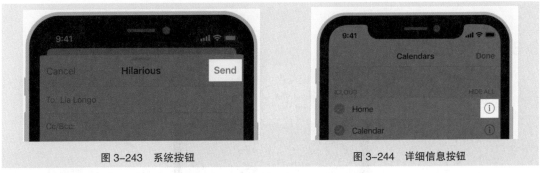

图 3-243 系统按钮   图 3-244 详细信息按钮

3. 信息按钮

信息按钮（Info Buttons）的触发可在视图翻转后，显示有关应用程序的配置详细信息，信息有时会显示在当前视图的背面。信息按钮有浅色和深色两种风格，如图 3-245 所示。

4. 添加联系人按钮

用户可以单击添加联系人按钮（Add Contact Buttons）来浏览现有联系人列表，并选择一个用于插入文本字段或其他视图。例如，在邮件中，可以点击邮件收件人字段中的添加联系人按钮，从联系人列表中选择收件人，如图 3-246 所示。

图 3-245 信息按钮   图 3-246 添加联系人按钮

3.3.3 编辑菜单

在编辑菜单（Edit Menus）中，用户可以双击或触摸并按住文本字段、文本视图，Web 视图或图像视图中的元素以选择内容并显示编辑选项，如复制和粘贴，如图 3-247 所示。

3.3.4 标签

标签（Labels）用来描述屏幕界面元素或提供短消息。虽然用户无法编辑标签，但有时可以复制标签里的内容。标签可以显示任意数量的静态文本，但最好保持简短，如图 3-248 所示。

图 3-247 编辑菜单   图 3-248 标签

3.3.5 页面控件

页面控件（Page Controls）用来显示当前页面在平面页面列表中的位置。它以一系列小指示点的形式出现，表示可用页面的打开顺序，其中实心点表示当前页面，如图 3-249 所示。

图 3-249 页面控件

3.3.6 选择器

选择器（Pickers）由一个或多个不同值的可滚动列表组成，每个值都具有单个选定值。选择器出现时，页面都有深色遮罩，通常显示在屏幕底部或弹出窗口中。选择器的高度通常是五行列表值的高度，宽度可以是屏幕的宽度或其封闭视图的宽度，具体视页面情况而定，如图 3-250 所示。

日期选择器（Date Pickers）是一个有效的接口，用于选择特定的日期、时间或两者兼而有之。它还提供了一个显示倒计时计时器的接口，如图 3-251 所示。

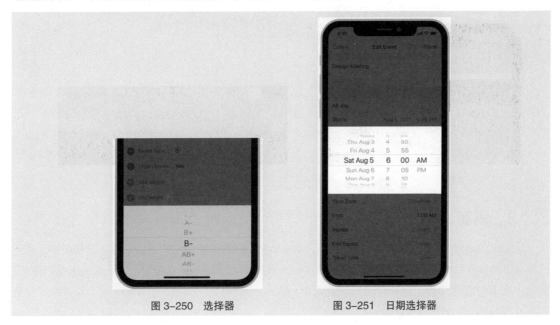

图 3-250　选择器　　　　　　　　　　图 3-251　日期选择器

3.3.7　进度指示器

进度指示器（Progress Indicators）的作用主要是不让用户坐在那里盯着静态屏幕，等待应用程序加载内容或执行冗长的数据处理操作。通常，使用活动指示器和进度条让用户知道应用程序没有停顿，并使其清楚还要等待多长时间。

1. 活动指示器

活动指示器（Activity Indicators）随着无法量化的任务旋转，如随着加载或同步复杂的数据而旋转。任务完成时它就会消失。活动指示器不具备交互功能，如图 3-252 所示。

图 3-252　活动指示器

2. 进度条

进度条（Progress Bars）通过从左到右填充轨迹显示任务已持续时间。它虽然可以伴有用于取消相应操作的按钮，但本身也不具备交互功能，如图 3-253 所示。

3. 网络活动指示器

在无边框显示的设备上，当联网时，网络活动指示器（Network Activity Indicators）会在屏幕顶部的状态栏中旋转，网络完成后会消失。该指示器看起来就像一个活动指示器，并且不具备交互功能，如图 3-254 所示。

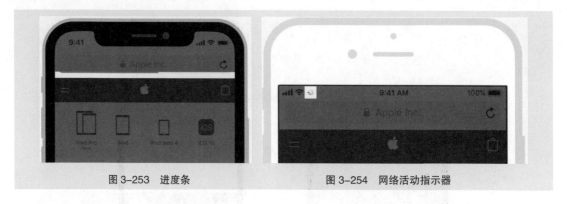

图 3-253　进度条　　　　　　　　　　　　图 3-254　网络活动指示器

3.3.8　刷新

手动启动刷新控件（Refresh Content Controls）会立即重新加载内容，通常在表视图中，且无需等待就会自动完成下一次内容更新。刷新控件是一种特殊类型的活动指示器，默认情况下是隐藏的，拖动列表页时自动变为可见并且重新加载内容。例如，在邮件中，用户可以向下拖动收件箱邮件列表以检查新邮件，如图 3-255 所示。

3.3.9　分段控件

分段控制（Segmented Controls）是两个或多个段的线性集合，每个分段卡都是独立的按钮。在控件内，所有段的宽度相等。像按钮一样，分段卡可以包含文本或图像。分段控件通常用于显示不同的视图。例如，在地图中，分段控件可让用户在地图、公交和卫星视图之间切换，如图 3-256 所示。

图 3-255　刷新控件　　　　　　　　　　　　图 3-256　分段控制

3.3.10　课堂案例——制作旅游类 App 美食筛选页

【案例学习目标】学习使用绘图工具、文字工具、"创建剪贴蒙版"命令和使用图层样式添加特殊效果制作旅游类 App 美食筛选页。

【案例知识要点】使用"移动"工具移动素材，使用"横排文字"工具输入文字，使用"椭圆"工具、"矩形"工具、"圆角矩形"工具、"直线"工具绘制基本形状，效果如图 3-257 所示。

【效果所在位置】Ch03/ 效果 / 制作旅游类 App/ 制作旅游类 App 美食筛选页 .psd。

图 3-257

1. 制作导航栏

（1）按 Ctrl+N 组合键，弹出"新建文档"对话框，设置宽度为 750 像素，高度为 1 334 像素，分辨率为 72 像素 / 英寸，如图 3-258 所示，单击"创建"按钮，完成文档的新建。

图 3-258

（2）选择"视图 > 新建参考线版面"命令，弹出"新建参考线版面"对话框，设置如图 3-259 所示。单击"确定"按钮，完成参考线的创建，效果如图 3-260 所示。

（3）按 Ctrl + O 组合键，打开云盘中的"Ch03 > 素材 > 制作旅游类 App 酒店美食筛选页 > 01"文件，选择"移动"工具 ⊕ ，将"关闭"图形拖曳到距离参考线 50 像素的位置，在"图层"控制面板中生成新的形状图层"关闭"，效果如图 3-261 所示。按 Ctrl + G 组合键，群组图层并将其命名为"导航栏"。

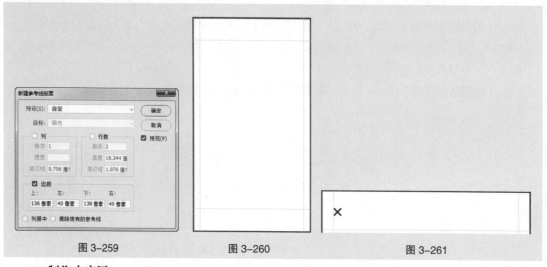

图 3-259   图 3-260   图 3-261

2．制作内容区

（1）选择"横排文字"工具 **T.** ，在适当的位置输入需要的文字并选取文字，在"字符"面板中，将"颜色"设为灰色（146、146、175），其他选项的设置如图 3-262 所示，按 Enter 键确认操作，效果如图 3-263 所示，在"图层"控制面板中生成新的文字图层。

（2）在距离上方文字 54 像素的位置输入需要的文字并选取文字，在"字符"面板中，将"颜色"设为黑灰色（69、69、83），其他选项的设置如图 3-264 所示，按 Enter 键确认操作，效果如图 3-265 所示，在"图层"控制面板中生成新的文字图层。

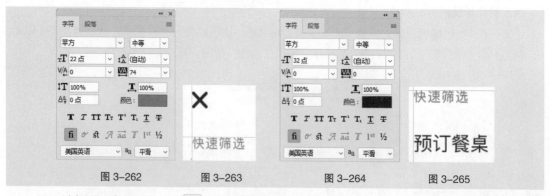

图 3-262   图 3-263   图 3-264   图 3-265

（3）选择"圆角矩形"工具 ▢ ，在属性栏中的"选择工具模式"选项中选择"形状"，将"填充"颜色设为绿色（27、229、141），"描边"颜色设为无，"半径"选项设为 21 像素，在适当的位置绘制圆角矩形，如图 3-266 所示，在"图层"控制面板中生成新的形状图层"圆角矩形 1"。

（4）选择"椭圆"工具 ◯ ，在属性栏中的"选择工具模式"选项中选择"形状"，按住 Shift 键的同时，在适当的位置绘制圆形。在属性栏中将"填充"颜色设为白色，"描边"颜色设为无，如图 3-267 所示，在"图层"控制面板中生成新的形状图层"椭圆 1"。

图 3-266　　　　　　　　　　　　图 3-267

（5）单击"图层"控制面板下方的"添加图层样式"按钮 _fx_，在弹出的菜单中选择"投影"命令，弹出对话框，设置投影颜色为黑色，其他选项的设置如图 3-268 所示，单击"确定"按钮，效果如图 3-269 所示。

（6）按住 Shift 键的同时，单击"预定餐桌"图层，将需要的图层同时选取，按 Ctrl+G 组合键，群组图层并将其命名为"预定餐桌"。

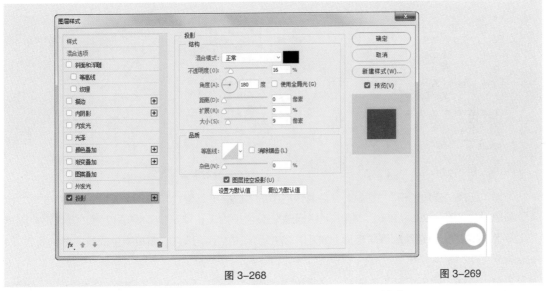

图 3-268　　　　　　　　　　　　图 3-269

（7）用相同的方法制作"估价 3.5 +"图层组，效果如图 3-270 所示。

图 3-270

（8）单击打开"估价 3.5+"图层组。选中"圆角矩形 1"图层，在属性栏中将"填充"颜色设为灰色（233、236、244）。选择"移动"工具 ✛，选中"椭圆 1"图层，将其拖曳到适当的位置，效果如图 3-271 所示。

（9）用相同的方法制作"立即预订"和"书签"图层组，效果如图 3-272 所示。

（10）选择"直线"工具 ╱，在属性栏中的"选择工具模式"选项中选择"形状"，将"填充"颜色设为无，"描边"颜色设为灰色（205、212、232），"粗细"选项设为 1 像素。按住 Shift 键的同时，在距离上方文字 46 像素的位置绘制直线，如图 3-273 所示，在"图层"控制面板中生成新的形状图层"形状 1"。

（11）按住 Shift 键的同时，单击"快速筛选"图层，将需要的图层同时选取，按 Ctrl+G 组合键，群组图层并将其命名为"快速筛选"。

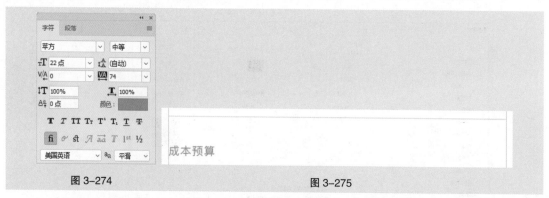

图 3-271　　　　　　　　　图 3-272　　　　　　　　　图 3-273

（12）选择"横排文字"工具 T.，在距离上方形状 56 像素的位置输入需要的文字并选取文字，在"字符"面板中，将"颜色"设为灰色（146、146、175），其他选项的设置如图 3-274 所示，按 Enter 键确认操作，效果如图 3-275 所示，在"图层"控制面板中生成新的文字图层。

图 3-274　　　　　　　　　　　　图 3-275

（13）选择"圆角矩形"工具 □.，在属性栏中的"选择工具模式"选项中选择"形状"，将"填充"颜色设为灰色（233、236、244），"描边"颜色设为无，"半径"选项设为 2 像素，在距离上方形状 66 像素的位置绘制圆角矩形，如图 3-276 所示，在"图层"控制面板中生成新的形状图层"圆角矩形 2"。

（14）选择"圆角矩形"工具 □.，在属性栏中将"半径"选项设为 3 像素，在适当的位置绘制圆角矩形。在属性栏中将"填充"颜色设为绿色（27、229、141），"描边"颜色设为无，如图 3-277 所示，在"图层"控制面板中生成新的形状图层"圆角矩形 3"。

图 3-276　　　　　　　　　　　　图 3-277

（15）在"01"图像窗口中，选择"移动"工具 ✛.，选中"预算图"图层，将其拖曳到图像窗口中适当的位置并调整大小，效果如图 3-278 所示，在"图层"控制面板中生成新的形状图层"预算图"。

（16）选择"椭圆"工具 ○.，按住 Shift 键的同时，在适当的位置绘制圆形。在属性栏中将"填充"颜色设为白色，"描边"颜色设为灰色（205、212、232），"粗细"选项设为 3 像素，如图 3-279 所示，在"图层"控制面板中生成新的形状图层"椭圆 2"。

图 3-278　　　　　　　　　　　　图 3-279

（17）选择"移动"工具 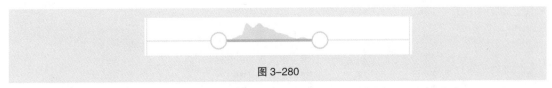，选中"椭圆 2"图层，按住 Alt+Shift 组合键的同时，将其拖曳到图像窗口中适当的位置，效果如图 3-280 所示，在"图层"控制面板中生成新的形状图层"椭圆2 拷贝"。

图 3-280

（18）选择"横排文字"工具 **T.**，在距离上方形状 26 像素的位置分别输入需要的文字并选取文字，在"字符"面板中，将"颜色"设为深灰色（69、69、83），其他选项的设置如图 3-281 所示，按Enter 键确认操作，效果如图 3-282 所示，在"图层"控制面板中分别生成新的文字图层。

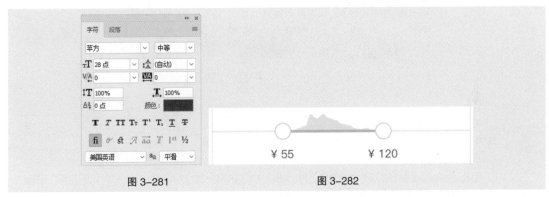

图 3-281　　　　　　　　　图 3-282

（19）选择"直线"工具 ，在属性栏中的"选择工具模式"选项中选择"形状"，将"填充"颜色设为无，"描边"颜色设为灰色（205、212、232），"粗细"选项设为 1 像素。按住 Shift 键的同时，在距离上方文字 50 像素的位置绘制直线，如图 3-283 所示，在"图层"控制面板中生成新的形状图层"形状 2"。

（20）按住 Shift 键的同时，单击"成本预算"图层，将需要的图层同时选取，按 Ctrl+G 组合键，群组图层并将其命名为"成本预算"。

图 3-283

（21）选择"横排文字"工具 **T.**，在距离上方形状 50 像素的位置输入需要的文字并选取文字，在"字符"面板中，将"颜色"设为灰色（146、146、175），其他选项的设置如图 3-284 所示，按 Enter 键确认操作。用相同的方法在距离上方文字 50 像素的位置输入蓝灰色（69、69、83）文字，其他选项的设置如图 3-285 所示，按 Enter 键确认操作，效果如图 3-286 所示。

（22）在"01"图像窗口中，选择"移动"工具，选中"前往"图层，将其拖曳到图像窗口中适当的位置并调整大小，效果如图 3-287 所示，在"图层"控制面板中生成新的形状图层"前往"。

（23）选择"直线"工具，按住 Shift 键的同时，在距离上方文字 50 像素的位置绘制直线。

在属性栏中将"填充"颜色设为灰色（205、212、232），"描边"颜色设为无，"粗细"选项设为 1 像素，如图 3-288 所示，在"图层"控制面板中生成新的形状图层"形状 3"。

（24）按住 Shift 键的同时，单击"所有壳类"图层，将需要的图层同时选取，按 Ctrl+G 组合键，群组图层并将其命名为"所有壳类"。

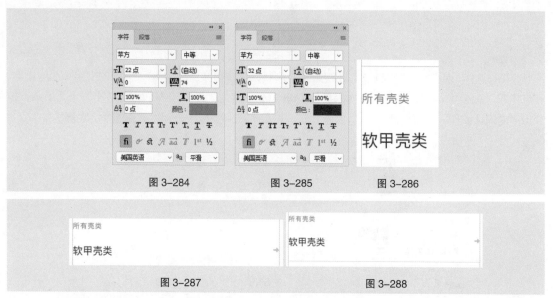

图 3-284 　　　　　 图 3-285 　　　　　 图 3-286

图 3-287 　　　　　　　　　 图 3-288

（25）用相同的方法制作"饮食限制"图层组。按住 Shift 键的同时，单击"快速筛选"图层，将需要的图层同时选取，按 Ctrl+G 组合键，群组图层并将其命名为"内容区"，如图 3-289 所示，效果如图 3-290 所示。

图 3-289 　　　　　　　　 图 3-290

3．制作发现栏

（1）选择"矩形"工具 ▢，在属性栏中的"选择工具模式"选项中选择"形状"，将"填充"颜色设为绿色（27、229、141），"描边"颜色设为无。在图像窗口中适当的位置绘制矩形，如图 3-291 所示，在"图层"控制面板中生成新的形状图层"矩形 1"。

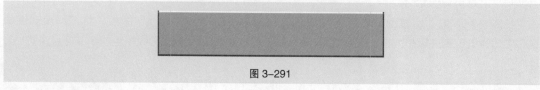

图 3-291

（2）单击"图层"控制面板下方的"添加图层样式"按钮 ƒx，在弹出的菜单中选择"投影"命令，弹出对话框，设置投影为灰色（69、69、83），其他选项的设置如图 3-292 所示，单击"确定"按钮，效果如图 3-293 所示。

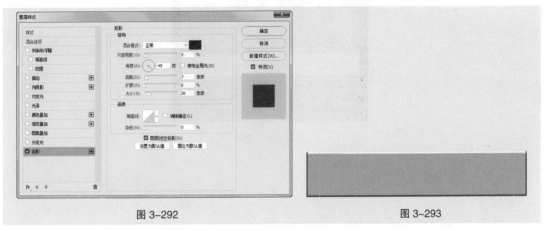

图 3-292　　　　　　　　　　　　　　　　　　　图 3-293

（3）选择"横排文字"工具 **T.**，在图像窗口中适当的位置输入需要的文字并选取文字，在"字符"面板中，将"颜色"设为深灰色（69、69、83），其他选项的设置如图 3-294 所示，按 Enter 键确认操作，效果如图 3-295 所示，在"图层"控制面板中分别生成新的文字图层。

（4）在"01"图像窗口中，选择"移动"工具 **+.**，选中"前往 1"图层，将其拖曳到图像窗口中适当的位置并调整大小，效果如图 3-296 所示，在"图层"控制面板中生成新的形状图层"前往 1"。

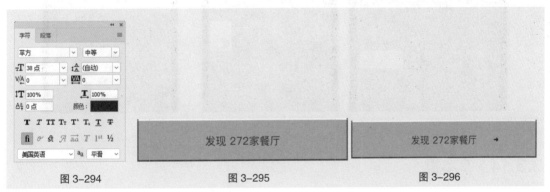

图 3-294　　　　　　　　　图 3-295　　　　　　　　　图 3-296

（5）按住 Shift 键的同时，单击"矩形 1"图层，将需要的图层同时选取，按 Ctrl+G 组合键，群组图层并将其命名为"发现"。

（6）按 Ctrl+S 组合键，弹出"存储为"对话框，将其命名为"制作旅游类 App 酒店美食筛选页"，保存为 psd 格式。单击"保存"按钮，弹出"Photoshop 格式选项"对话框，单击"确定"按钮，将文件保存。旅游类 App 酒店美食筛选页制作完成。

3.3.11　滑块

滑块（Sliders）是具有水平轴通过拇指滑动的交互控件，用户可以用手指滑动在最小和最大值之间移动，如调整屏幕亮度级别或媒体播放期间的位置，如图 3-297 所示。当滑块的值改变时，最小值和拇指之间的轨迹部分用颜色填充。滑块可以选择性地显示左右图标，说明最小值和最大值的含义。

图 3-297　滑块

3.3.12　步进器

步进器（Steppers）是用于增加或减少增量值的控件。默认情况下，步进器的一段显示加号，另一段显示减号，如图 3-298 所示。如果需要，可以用自定义图像替换这些符号。

3.3.13　开关

开关（Switch）允许用户切换"打开"和"关闭"两种相互排斥的状态，如图 3-299 所示。

图 3-298　步进器　　　　　　　　　　　　　　　　　　图 3-299　开关

3.3.14　文本框

文本框（Text Fields）是单行，有固定高度，通常带有圆角，当用户单击它时会自动调出键盘。使用文本框可获得少量信息，如电子邮件地址，如图 3-300 所示。

图 3-300　文本框

3.4 课堂练习——制作旅游类 App 酒店详情页

【练习知识要点】使用"移动"工具移动素材，使用"横排文字"工具输入文字，使用"矩形"工具、"圆角矩形"工具、"直线"工具绘制基本形状，效果如图 3-301 所示。

【效果所在位置】Ch03/ 效果 / 制作旅游类 App/ 制作旅游类 App 酒店详情页 .psd。

制作旅游类
App 酒店详
情页

图 3-301

3.5 课后习题——制作旅游类 App 预约美食页

【习题知识要点】使用"移动"工具移动素材，使用"横排文字"工具输入文字，使用"矩形"工具、"直线"工具绘制基本形状，效果如图 3-302 所示。

【效果所在位置】Ch03/ 效果 / 制作旅游类 App/ 制作旅游类 App 预约美食页 .psd。

制作旅游类
App 预约美
食页

图 3-302

第 4 章

04

Android 系统界面设计

▶ **本章介绍**

    Android 系统界面是移动 UI 设计中最重要的部分之一，它直接影响到用户使用 App 的体验。本章对 Android 系统界面设计中的栏和组件进行了系统的讲解与演练。通过本章的学习，读者可以对 Android 系统界面设计有一个基本的认识，并快速掌握绘制 Android 系统界面的规范和方法。

学习目标

- 掌握 Android 界面设计中的栏
- 掌握 Android 界面设计中的组件

技能目标

慕课视频

- 掌握医疗类 App 闪屏页的绘制方法
- 掌握医疗类 App 首页的绘制方法
- 掌握医疗类 App 医生列表页的绘制方法
- 掌握医疗类 App 医生介绍页的绘制方法
- 掌握医疗类 App 医生筛选页的绘制方法
- 掌握医疗类 App 预约页的绘制方法

4.1 栏

Android 系统界面中的栏主要分为状态栏和导航栏。

4.1.1 课堂案例——制作医疗类 App 闪屏页

【案例学习目标】学习使用绘图工具、文字工具制作医疗类 App 闪屏页。

【案例知识要点】使用"移动"工具移动素材，使用"矩形"工具、"椭圆"工具和"多边形"工具绘制基本形状，使用"横排文字"工具输入文字，最终效果如图 4-1 所示。

【效果所在位置】Ch04/ 效果 / 制作医疗类 App/ 制作医疗类 App 闪屏页 .psd。

制作医疗类
App 闪屏页

图 4-1

1. 制作状态栏

（1）按 Ctrl+N 组合键，弹出"新建文档"对话框，设置宽度为 1 080 像素，高度为 1 920 像素，分辨率为 72 像素 / 英寸（1 英寸 =2.54 厘米）。将背景内容"颜色"设为青色（48、215、215），如图 4-2 所示。单击"创建"按钮，完成文档的新建。

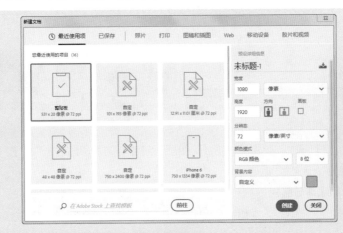

图 4-2

（2）选择"视图 > 新建参考线版面"命令，弹出"新建参考线版面"对话框，设置如图 4-3 所示。单击"确定"按钮，完成参考线的创建，效果如图 4-4 所示。

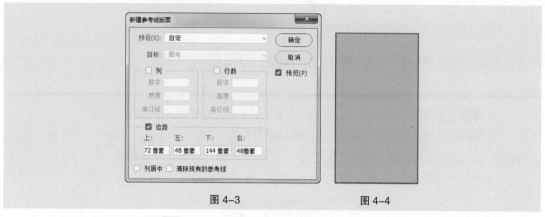

图 4-3　　　　　　　　　　　　　　　　　图 4-4

（3）选择"矩形"工具 □，在属性栏中的"选择工具模式"选项中选择"形状"，将"填充"颜色设为白色，"描边"颜色设为无。在图像窗口中适当的位置绘制矩形，如图 4-5 所示，在"图层"控制面板中生成新的形状图层"矩形 1"。在"图层"控制面板上方，将该图层的"不透明度"选项设置为 20%，按 Enter 键确认操作，效果如图 4-6 所示。

图 4-5　　　　　　　　　　　　　　　　图 4-6

（4）在距离参考线 20 像素的位置再次绘制一个矩形，在"图层"控制面板中生成新的形状图层"矩形 2"。在属性栏中将"填充"颜色设为深灰色（117、117、117），"描边"颜色设为无，如图 4-7 所示。

（5）选择"椭圆"工具 ○，按住 Shift 键的同时，在距离水平参考线 20 像素的位置绘制圆形。在属性栏中将"填充"颜色设为深灰色（117、117、117），"描边"颜色设为无，如图 4-8 所示，在"图层"控制面板中生成新的形状图层"椭圆 1"。

（6）选择"多边形"工具 ○，在属性栏中将"边"选项设为 3，按住 Shift 键的同时，在距离水平参考线 20 像素的位置绘制三角形，在"图层"控制面板中生成新的形状图层"多边形 1"。在属性栏中将"填充"颜色设为深灰色（117、117、117），"描边"颜色设为无，如图 4-9 所示。

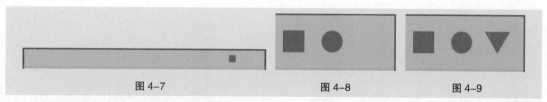

图 4-7　　　　　　　　　　　图 4-8　　　　　　　　　　图 4-9

（7）按住 Shift 键的同时，单击"矩形 1"图层，将需要的图层同时选取，按 Ctrl+G 组合键群组图层，并将其命名为"状态栏"。

2. 制作 LOGO 和底部导航栏

（1）选择"椭圆"工具 ○，在属性栏中将"填充"颜色设为白色，"描边"颜色设为无。按住 Shift 键的同时，在距离上方参考线 446 像素的位置绘制圆形，在"图层"控制面板中生成新的形状图层"椭圆2"。在"图层"控制面板上方,将该图层的"填充"选项设置为40%,按 Enter 键确认操作,如图 4-10 所示。

(2)按 Ctrl+J 组合键,复制"椭圆2"图层,在"图层"控制面板中生成新的形状图层并将其命名为"椭圆3"。在"图层"控制面板上方,将该图层的"填充"选项设置为80%,按 Enter 键确认操作。按 Ctrl+T 组合键,在圆形周围出现变换框,按住 Alt+Shift 组合键的同时,拖曳右上角的控制手柄等比例缩小圆形,按 Enter 键确认操作,如图 4-11 所示。

(3)按 Ctrl+J 组合键,复制"椭圆3"图层,在"图层"控制面板中生成新的形状图层并将其命名为"椭圆4"。在属性栏中将"填充"颜色设为青色(48、215、215),"描边"颜色设为无。按 Ctrl+T 组合键,在圆形周围出现变换框,按住 Alt+Shift 组合键的同时,拖曳右上角的控制手柄等比例缩小圆形,按 Enter 键确认操作,如图 4-12 所示。

(4)选择"文件 > 置入嵌入对象"命令,弹出"置入嵌入的对象"对话框,选择云盘中的"Ch04 > 素材 > 制作医疗类 App 闪屏页 > 01"文件,单击"置入"按钮,将图片置入图像窗口中,拖曳到适当的位置并调整其大小,按 Enter 键确认操作,在"图层"控制面板中生成新的图层并将其命名为"医生",效果如图 4-13 所示。

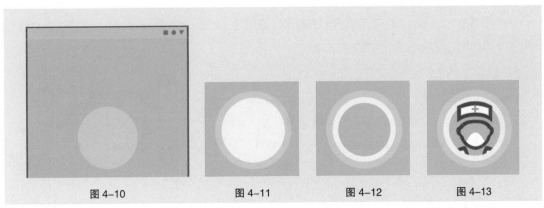

图 4-10   图 4-11   图 4-12   图 4-13

(5)选择"横排文字"工具 **T.**,在距离上方图形 60 像素的位置输入需要的文字并选取文字。选择"窗口 > 字符"命令,打开"字符"面板,将"颜色"设为白色,其他选项的设置如图 4-14 所示,按 Enter 键确认操作,效果如图 4-15 所示,在"图层"控制面板中生成新的文字图层。

(6)按住 Shift 键的同时,单击"椭圆2"图层,将需要的图层同时选取,按 Ctrl+G 组合键群组图层,并将其命名为"LOGO"。

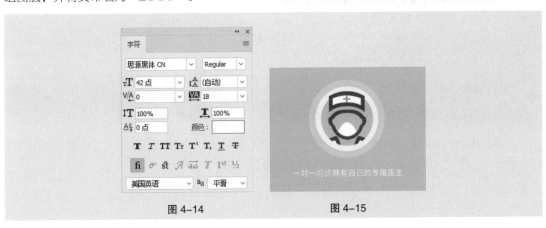

图 4-14   图 4-15

（7）按 Ctrl + O 组合键，打开云盘中的"Ch04 > 素材 > 制作医疗类 App 闪屏页 > 02"文件，选择"移动"工具，将"当前任务"图层拖曳到距离上方参考线 48 像素的位置，效果如图 4-16 所示，在"图层"控制面板中生成新的形状图层"当前任务"。

（8）用相同的方法分别将"主页"和"返回"图形拖曳到适当的位置，效果如图 4-17 所示。按住 Shift 键的同时，单击"当前任务"图层，将需要的图层同时选取，按 Ctrl+G 组合键，群组图层并将其命名为"底部导航栏"。

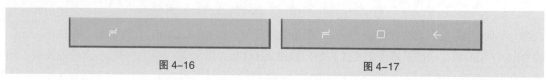

图 4-16　　　　　　　　　　　　　　图 4-17

（9）按 Ctrl+S 组合键，弹出"存储为"对话框，将其命名为"制作医疗类 App 闪屏页"，保存为 psd 格式。单击"保存"按钮，弹出"Photoshop 格式选项"对话框，单击"确定"按钮，将文件保存。医疗类 App 闪屏页制作完成。

4.1.2　状态栏

状态栏（Status Bar）位于手机界面的顶部，高度是 24 dp。在 Android 中，状态栏包含通知图标和系统图标，如图 4-18 所示。

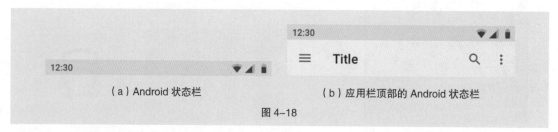

（a）Android 状态栏　　　　　　　　（b）应用栏顶部的 Android 状态栏

图 4-18

4.1.3　系统导航栏

系统导航栏（Android Navigation Bar）位于手机的最下方，导航控件由返回、主界面、最近任务组成，如图 4-19 所示。

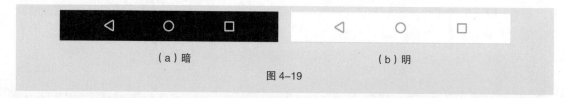

（a）暗　　　　　　　　　　　　　　（b）明

图 4-19

4.2　组件

Android 系统下的 Material 拥有一整套组件，包括应用栏、悬浮动作按钮、卡片等。组件的学习能够帮助设计师快速掌握 Android 界面设计及 Material Design 语言。

4.2.1　课堂案例——制作医疗类 App 首页

【案例学习目标】学习使用绘图工具、文字工具、"创建剪贴蒙版"命令和使用图层样式添加特殊效果制作医疗类 App 首页。

【案例知识要点】使用"移动"工具移动素材，使用"置入"命令置入图片，使用"剪贴蒙版"命令调整图片显示区域，使用"矩形"工具、"椭圆"工具和"直线"工具绘制基本形状，使用"横排文字"工具输入文字，效果如图 4-20 所示。

【效果所在位置】Ch04/ 效果 / 制作医疗类 App/ 制作医疗类 App 首页 .psd。

制作医疗类
App 首页

图 4-20

1. 制作状态栏和顶部导航栏

（1）按 Ctrl+N 组合键，弹出"新建文档"对话框，设置宽度为 1 080 像素，高度为 2 892 像素，分辨率为 72 像素 / 英寸，如图 4-21 所示，单击"创建"按钮，完成文档的新建。

图 4-21

（2）选择"视图 > 新建参考线版面"命令，弹出"新建参考线版面"对话框，设置如图4-22所示。单击"确定"按钮，完成参考线的创建，效果如图4-23所示。

（3）选择"矩形"工具 ▢，在属性栏中的"选择工具模式"选项中选择"形状"，将"填充"颜色设为青色（48、215、215），"描边"颜色设为无。在图像窗口中适当的位置绘制矩形，在"图层"控制面板中生成新的形状图层"矩形1"，效果如图4-24所示。

Photoshop CC 移动 UI 设计案例教程（全彩慕课版）

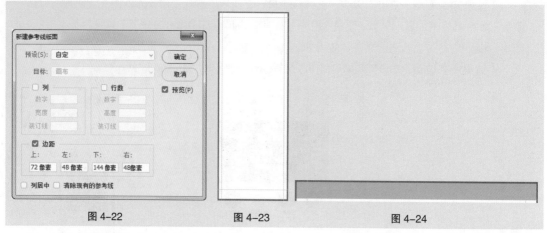

图4-22   图4-23   图4-24

（4）在"制作医疗类App闪屏页"图像窗口中，打开"状态栏"图层组，选中"矩形2"图层，按住Shift键的同时，单击"多边形1"图层，将需要的图层同时选取。单击鼠标右键，在弹出的菜单中选择"复制图层"命令，在弹出的对话框中进行设置，如图4-25所示，单击"确定"按钮，效果如图4-26所示。

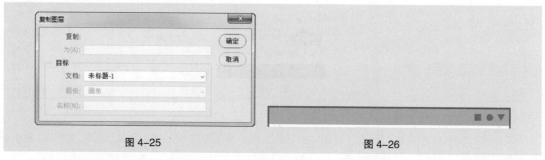

图4-25   图4-26

（5）在属性栏中，将选中图形的"填充"颜色设为白色，填充图形。在"图层"控制面板上方，将该图层的"不透明度"选项设置为30%，按Enter键确认操作，效果如图4-27所示。

（6）按住Ctrl键的同时，单击"矩形1"图层，将需要的图层同时选取，按Ctrl+G组合键，群组图层并将其命名为"状态栏"。

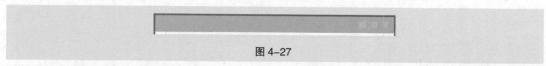

图4-27

（7）选择"视图 > 新建参考线"命令，弹出"新建参考线"对话框，在240像素（距离上方参考线192像素）的位置建立水平参考线，设置如图4-28所示。单击"确定"按钮，完成参考线的创建。

（8）选择"矩形"工具 ▢，在图像窗口中适当的位置绘制矩形，在属性栏中将"填充"颜色设为青色（48、215、215），"描边"颜色设为无，效果如图 4-29 所示，在"图层"控制面板中生成新的形状图层"矩形 3"。

（9）按 Ctrl + O 组合键，打开云盘中的"Ch04 > 素材 > 制作医疗类 App 首页 > 01"文件，选择"移动"工具 ✛，将"菜单"图形拖曳到距离上方参考线 62 像素的位置，效果如图 4-30 所示，在"图层"控制面板中生成新的形状图层"菜单"。

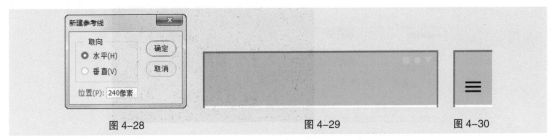

图 4-28　　　　　　　　图 4-29　　　　　　　　图 4-30

（10）选择"横排文字"工具 T，在距离左侧图形 46 像素的位置输入需要的文字并选取文字。选择"窗口 > 字符"命令，打开"字符"面板，将"颜色"设为黑色，其他选项的设置如图 4-31 所示，按 Enter 键确认操作，效果如图 4-32 所示，在"图层"控制面板中生成新的文字图层。

（11）在"01"图像窗口中，选择"移动"工具 ✛，选中"分享"图层，将其拖曳到距离文字 366 像素的位置，效果如图 4-33 所示，在"图层"控制面板中生成新的形状图层"分享"。用相同的方法拖曳"喜欢"和"搜索"图层到适当的位置，如图 4-34 所示。

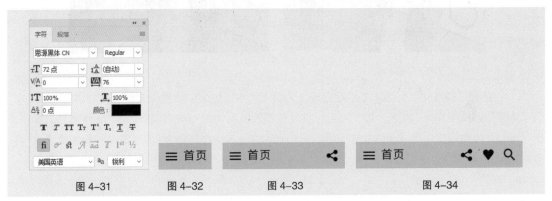

图 4-31　　　　图 4-32　　　　图 4-33　　　　　　　图 4-34

（12）按住 Shift 键的同时，单击"矩形 3"图层，将需要的图层同时选取，按 Ctrl+G 组合键，群组图层并将其命名为"顶部导航栏"。

2. 制作内容区

（1）选择"视图 > 新建参考线"命令，弹出"新建参考线"对话框，在 842 像素（距离上方参考线 602 像素）的位置建立水平参考线，设置如图 4-35 所示。单击"确定"按钮，完成参考线的创建。

（2）选择"矩形"工具 □，在图像窗口中适当的位置绘制矩形，如图 4-36 所示。在属性栏中将"填充"颜色设为黑色，"描边"颜色设为无，在"图层"控制面板中生成新的形状图层"矩形 4"。

（3）选择"文件 > 置入嵌入对象"命令，弹出"置入嵌入的对象"对话框，选择云盘中的"Ch04 > 素材 > 制作医疗类 App 首页 > 02"文件，单击"置入"按钮，将图片置入到图像窗口中，拖曳到适当的位置并调整其大小，按 Enter 键确认操作，在"图层"控制面板中生成新的图层并将其命名为"图 1"。按 Alt+Ctrl+G 组合键，为"图 1"图层创建剪贴蒙版，效果如图 4-37 所示。

（4）选择"矩形"工具 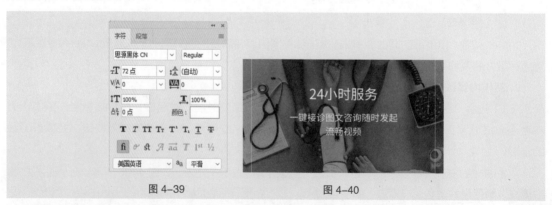，在属性栏中将"填充"颜色设为黑色，"描边"颜色设为无，在图像窗口中适当的位置绘制矩形，在"图层"控制面板中生成新的形状图层"矩形5"。在控制面板上方，将该图层的"不透明度"选项设置为40%，按 Enter 键确认操作，效果如图 4-38 所示。

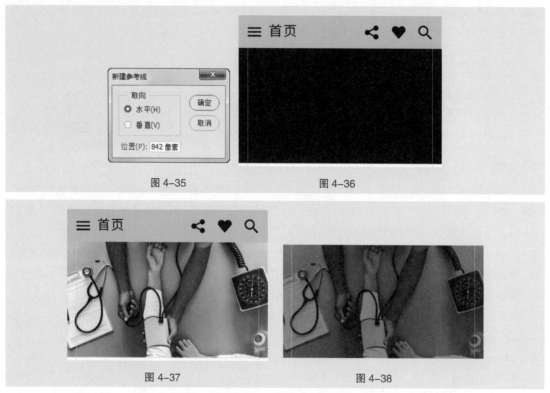

图 4-35　　　　　　　　　　　图 4-36

图 4-37　　　　　　　　　　　图 4-38

（5）选择"横排文字"工具 **T.**，在距离上方参考线152像素的位置输入需要的文字并选取文字，在"字符"面板中，将"颜色"设为白色，其他选项的设置如图 4-39 所示，按 Enter 键确认操作，在"图层"控制面板中生成新的文字图层。用相同的方法在文字下方68像素的位置再次输入文字，效果如图 4-40 所示。

图 4-39　　　　　　　　　　　图 4-40

（6）选择"椭圆"工具 **○.**，在属性栏中将"填充"颜色设为灰色（216、216、216），"描边"颜色设为无。按住Shift键的同时，在距离下方参考线46像素的位置绘制圆形，如图 4-41 所示，在"图层"控制面板中生成新的形状图层"椭圆2"。

（7）选择"移动"工具 **✛.**，按住 Alt+Shift 组合键的同时，将图形拖曳到适当的位置，复制图形，在"图层"控制面板中生成新的形状图层"椭圆2拷贝"。在属性栏中将"填充"颜色设为青色（48、215、215），如图4-42所示。用相同的方法再次复制两个圆形，如图4-43所示。

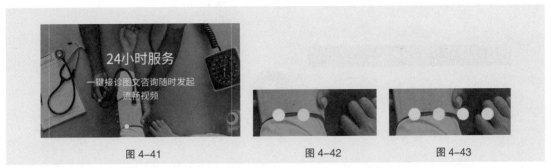

图 4-41　　　　　　　图 4-42　　　　　　　图 4-43

（8）按住Shift键的同时，单击"椭圆2"图层，将需要的图层同时选取，按Ctrl+G组合键，群组图层并将其命名为"滑块"，如图4-44所示。按住Shift键的同时，单击"矩形4"图层，将需要的图层同时选取，按Ctrl+G组合键，群组图层并将其命名为"Banner"，如图4-45所示。

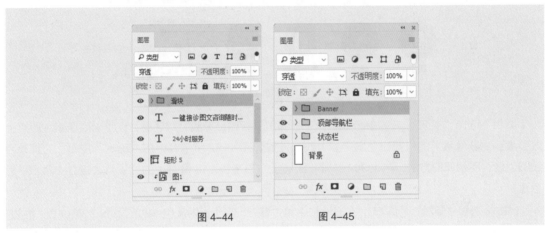

图 4-44　　　　　　　图 4-45

（9）选择"椭圆"工具 ○，在属性栏中将"填充"颜色设为深粉色（201、87、127），"描边"颜色设为无。按住Shift键的同时，在距离上方参考线70像素的位置绘制圆形，如图4-46所示，在"图层"控制面板中生成新的形状图层"椭圆3"。

（10）选择"文件 > 置入嵌入的对象"命令，弹出"置入嵌入的对象"对话框，选择云盘中的"Ch04 > 素材 > 制作医疗类App首页 > 03"文件，单击"置入"按钮，将图片置入到图像窗口中，拖曳到适当的位置并调整其大小，按Enter键确认操作，效果如图4-47所示，在"图层"控制面板中生成新的图层并将其命名为"头像"。

（11）选择"横排文字"工具 T，在距离上方参考线20像素的位置输入需要的文字并选取文字，在"字符"面板中，将"颜色"设为黑色，其他选项的设置如图4-48所示，按Enter键确认操作，在"图层"控制面板中生成新的文字图层，效果如图4-49所示。

（12）按住Shift键的同时，单击"椭圆3"图层，将需要的图层同时选取，按Ctrl+G组合键，群组图层并将其命名为"医生"。

（13）用相同的方法制作"药品""病历档案""科普文章"图层组，效果如图4-50所示。按住Shift键的同时，单击"医生"图层组，将需要的图层同时选取，按Ctrl+G组合键，群组图层并将其命名为"选择项"，如图4-51所示。

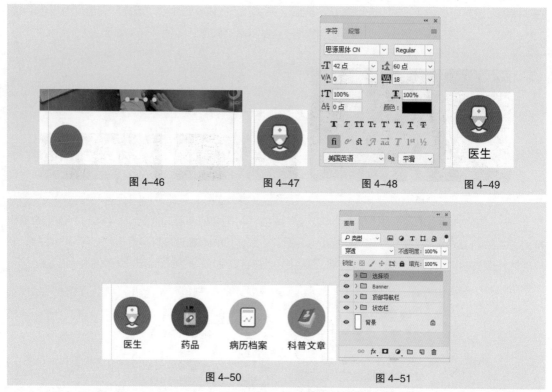

图 4-46　　　　　图 4-47　　　　　图 4-48　　　　　图 4-49

图 4-50　　　　　　　　　　图 4-51

（14）选择"视图 > 新建参考线"命令，弹出"新建参考线"对话框，在 1 198 像素（距离上方参考线 356 像素）的位置建立水平参考线，设置如图 4-52 所示。单击"确定"按钮，完成参考线的创建。用相同的方法，在 1 342 像素（距离上方参考线 144 像素）的位置再次建立一条水平参考线。

（15）选择"矩形"工具 □，在属性栏中将"填充"颜色设为灰色（249、249、249），"描边"颜色设为无。在图像窗口中适当的位置绘制矩形，在"图层"控制面板中生成新的形状图层"矩形 6"，效果如图 4-53 所示。

图 4-52　　　　　　　　　　图 4-53

（16）选择"横排文字"工具 T，在距离上方参考线 50 像素的位置分别输入需要的文字并选取文字，在"字符"面板中，将"颜色"设为黑色，其他选项的设置如图 4-54 所示，按 Enter 键确认操作，在"图层"控制面板中生成新的文字图层。选取需要的文字，在"字符"面板中，将"颜色"设为绿色（0、102、95），效果如图 4-55 所示。

（17）按住 Shift 键的同时，单击"矩形 6"图层，将需要的图层同时选取，按 Ctrl+G 组合键，群组图层并将其命名为"项目"。

图 4-54　　　　　　　　　　　　　　　　　　　图 4-55

（18）选择"视图 > 新建参考线"命令，弹出"新建参考线"对话框，在 1 752 像素（距离上方参考线 360 像素）的位置建立水平参考线，设置如图 4-56 所示。单击"确定"按钮，完成参考线的创建。

（19）选择"圆角矩形"工具 ▢.，在属性栏中将"填充"颜色设为灰色（117、117、117），"描边"颜色设为无。在距离上方参考线 48 像素的位置绘制圆角矩形，在"图层"控制面板中生成新的形状图层"圆角矩形 1"，效果如图 4-57 所示。

（20）选择"文件 > 置入嵌入的对象"命令，弹出"置入嵌入的对象"对话框，选择云盘中的"Ch04 > 素材 > 制作医疗类 App 首页 > 07"文件，单击"置入"按钮，将图片置入到图像窗口中，拖曳到适当的位置并调整其大小，按 Enter 键确认操作，在"图层"控制面板中生成新的图层并将其命名为"图 2"。按 Alt+Ctrl+G 组合键，为"图 2"图层创建剪贴蒙版，效果如图 4-58 所示。

图 4-56　　　　　　　　　　图 4-57　　　　　　　　　　图 4-58

（21）选择"横排文字"工具 T.，在距离上方参考线 58 像素的位置输入需要的文字并选取文字，在"字符"面板中，将"颜色"设为灰色，其他选项的设置如图 4-59 所示，按 Enter 键确认操作，在"图层"控制面板中生成新的文字图层，效果如图 4-60 所示。

（22）选择"横排文字"工具 T.，在距离上方文字 40 像素的位置拖曳文本框，输入需要的文字并选取文字，在"字符"面板中，将"颜色"设为黑色，其他选项的设置如图 4-61 所示，按 Enter 键确认操作，在"图层"控制面板中生成新的文字图层。用相同的方法再次输入文字，效果如图 4-62 所示。

（23）选择"视图 > 新建参考线"命令，弹出"新建参考线"对话框，在 1 850 像素（距离上方参考线 98 像素）的位置建立水平参考线，设置如图 4-63 所示。单击"确定"按钮，完成参考线的创建。

图 4-59　　　　　　　　图 4-60　　　　　　　　图 4-61　　　　　　　　图 4-62

（24）选择"直线"工具 ∕.，在属性栏中将"填充"颜色设为灰色（228、228、228），"描边"颜色设为无，"H"选项设为 3 像素。按住 Shift 键的同时，在图像窗口中适当的位置绘制直线，如图 4-64 所示，在"图层"控制面板中生成新的形状图层"形状 1"。

（25）按住 Shift 键的同时，单击"圆角矩形 1"图层，将需要的图层同时选取，按 Ctrl+G 组合键，群组图层并将其命名为"健康饮食"。

（26）用相同的方法创建多条参考线，并制作"预防针"和"个人卫生"图层组。按住 Shift 键的同时，单击"Banner"图层组，将需要的图层组同时选取，按 Ctrl+G 组合键，群组图层并将其命名为"内容区"，如图 4-65 所示，效果如图 4-66 所示。

图 4-63　　　　　　　　图 4-64　　　　　　　　图 4-65　　　　　　　　图 4-66

3. 制作底部应用栏和底部导航栏

（1）选择"视图 > 新建参考线"命令，弹出"新建参考线"对话框，在 2 578 像素（距离上方参考线 168 像素）的位置建立水平参考线，设置如图 4-67 所示。单击"确定"按钮，完成参考线的创建。

（2）选择"矩形"工具 □.，在属性栏中将"填充"颜色设为白色，"描边"颜色设为无。在图像窗口中适当的位置绘制矩形，效果如图 4-68 所示，在"图层"控制面板中生成新的形状图层"矩形 7"。

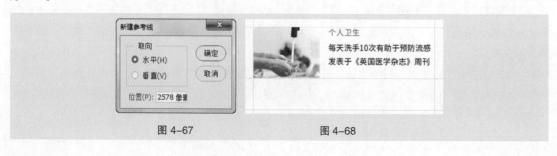

图 4-67　　　　　　　　　　　　图 4-68

（3）单击"图层"控制面板下方的"添加图层样式"按钮 *fx*，在弹出的菜单中选择"投影"命令，弹出对话框，将投影颜色设为浅灰色（213、213、213），其他选项的设置如图 4-69 所示，单击"确定"按钮，效果如图 4-70 所示。

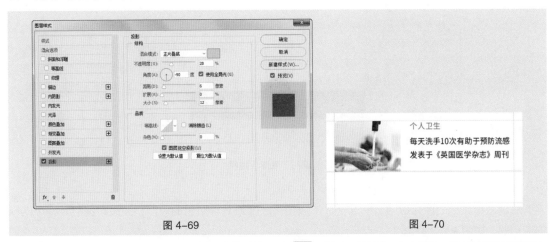

<table>
<tr><td>图 4-69</td><td>图 4-70</td></tr>
</table>

（4）在"01"图像窗口中，选择"移动"工具 ⊕，选中"喜欢 1"图层，将其拖曳到距离上方参考线 52 像素的位置，效果如图 4-71 所示，在"图层"控制面板中生成新的形状图层"喜欢 1"。用相同的方法，将其他需要的图层拖曳到适当的位置，如图 4-72 所示。

（5）按住 Shift 键的同时，单击"喜欢 1"图层，将需要的图层同时选取，按 Ctrl+G 组合键，群组图层并将其命名为"底部应用栏"。

（6）选择"矩形"工具 ▢，在图像窗口中适当的位置绘制矩形，在属性栏中将"填充"颜色设为绿色（0、102、95），"描边"颜色设为无，效果如图 4-73 所示，在"图层"控制面板中生成新的形状图层"矩形 8"。

图 4-71	图 4-72	图 4-73

（7）在"01"图像窗口中，选择"移动"工具 ⊕，选中"最近任务"图层，将其拖曳到距离上方参考线 48 像素的位置，效果如图 4-74 所示，在"图层"控制面板中生成新的形状图层"最近任务"。用相同的方法，将其他需要的图层拖曳到适当的位置，如图 4-75 所示。

图 4-74	图 4-75

（8）按住 Shift 键的同时，单击"矩形 8"图层，将需要的图层同时选取，按 Ctrl+G 组合键，群组图层并将其命名为"底部导航栏"。

（9）按 Ctrl+S 组合键，弹出"存储为"对话框，将其命名为"制作医疗类 App 首页"，保存为 psd 格式。单击"保存"按钮，弹出"Photoshop 格式选项"对话框，单击"确定"按钮，将文件保存。医疗类 App 首页制作完成。

4.2.2 底部应用栏

底部应用栏（App Bars: Bottom）用于显示屏幕底部的导航抽屉和按键操作，如图4-76所示。

图4-76　底部应用栏

1. 用法

底部应用栏上的图标应为2～5个，不应该用底部带有导航栏的应用栏及没有或只有一个图标的应用栏，如图4-77所示。

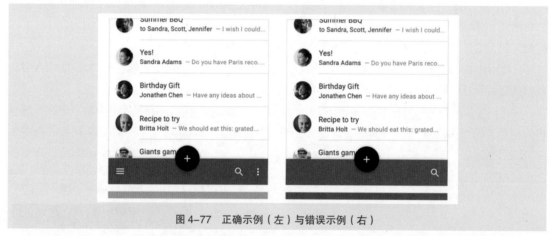

图4-77　正确示例（左）与错误示例（右）

底部应用栏共有以悬浮动作按钮为中心、以悬浮动作按钮侧对齐及没有悬浮动作按钮3种布局。

以悬浮动作按钮为中心：悬浮动作按钮可以和底部应用栏重叠或者直接插入底部应用栏，如图4-78所示。

图4-78　重叠（左）与插入（右）

以悬浮动作按钮侧对齐：当有3～4个附加操作的按钮时，悬浮动作按钮可以放到侧边，如图4-79所示。

没有悬浮动作按钮：当没有悬浮动作按钮时，底部应用栏可以容纳导航菜单图标，并且最多可以在相对边缘上对齐4个图标，如图4-80所示。

图 4-79　以悬浮动作按钮侧对齐

图 4-80　没有悬浮动作按钮

横屏：在横向方向上，操作区域操持与屏幕边缘对齐，便于手持访问，如图 4-81 所示。

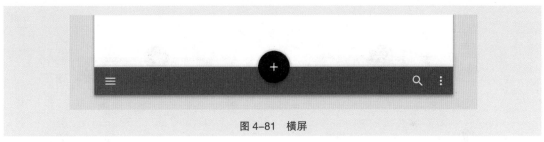

图 4-81　横屏

2．组成

　　底部应用栏由❶容器、❷导航抽屉控制、❸悬浮动作按钮、❹动作图标及❺更多菜单控件组成，如图 4-82 所示。

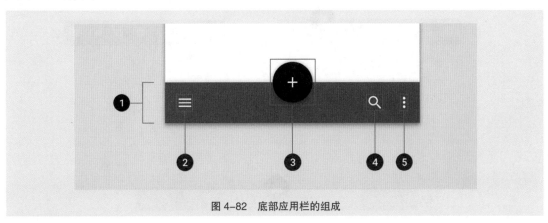

图 4-82　底部应用栏的组成

3．尺寸

　　底部应用栏的层级分别为❶容器（0 dp）、❷底部信息栏（6 dp）、❸底部应用栏（8 dp）、❹悬浮动作按钮（12 dp）、❺页卡（16 dp），如图 4-83 所示。

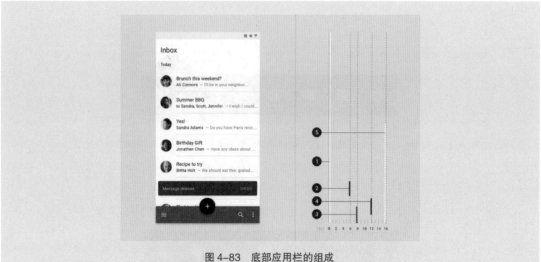

图 4-83　底部应用栏的组成

底部应用栏的设计尺寸，如图 4-84 所示。

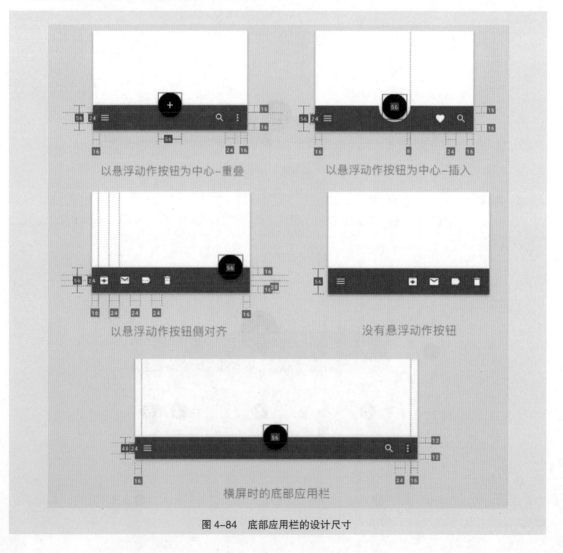

以悬浮动作按钮为中心–重叠

以悬浮动作按钮为中心–插入

以悬浮动作按钮侧对齐

没有悬浮动作按钮

横屏时的底部应用栏

图 4-84　底部应用栏的设计尺寸

4.2.3 顶部应用栏

顶部应用栏（App Bars：Top）用于顶显示与当前屏幕相关的信息和操作，如图4-85所示。

图4-85 顶部应用栏

1. 用法

顶部应用栏：通常顶部应用栏用于品牌、屏幕标题、导航和操作，如图4-86所示。

图4-86 常规顶部应用栏

上下文操作栏：顶部应用栏可以转换为上下文操作栏，如图4-87所示。

图4-87 顶部应用栏转换为上下文操作栏

突出顶部应用栏：顶部应用栏可通过改变高度来凸显标题、容纳图像，同时还可以使其自身在视觉上更加突出，如图4-88所示。

2. 组成

顶部应用栏由❶顶部应用栏容器、❷抽屉式导航图标（可选）、❸标题（可选）、❹系统图标（可选）、❺更多按钮（可选）组成，如图4-89所示。

3. 尺寸

顶部应用栏的设计尺寸，如图4-90所示。

图 4-88　常规顶部应用栏（左）与突出标题的顶部应用栏（右）

图 4-89　顶部应用栏的组成

图 4-90　常规顶部应用栏（左）与突出标题的顶部应用栏（右）

4.2.4　背板

　　应用程序的某个操作，都会出现一个背板（Backdrop），显示相关信息和可操作的内容，如图4-91所示。

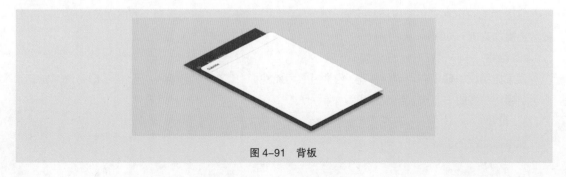

图 4-91　背板

1. 用法

背板有❶后层和❷前层两个层，如图 4-92 所示。

图 4-92　背板的用法

后层被隐藏时，可以提供有关前层的相关信息；后层在显示时，会显示与前层相关的控件，如图 4-93 所示。

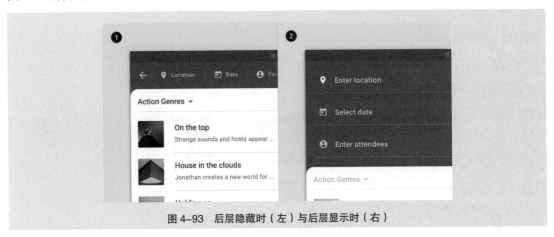

图 4-93　后层隐藏时（左）与后层显示时（右）

2. 组成

背板由❶后层、❷前层及❸可选的副标题组成，如图 4-94 所示。

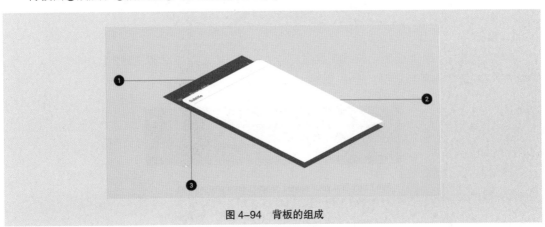

图 4-94　背板的组成

3. 尺寸

背板的设计尺寸，如图 4-95 所示。

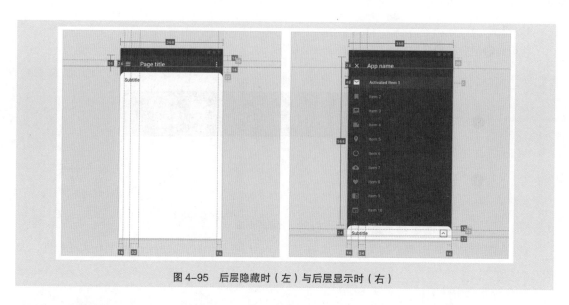

图 4-95　后层隐藏时（左）与后层显示时（右）

4.2.5　横幅

横幅（Banner）在这里不是指广告，而是顶部应用栏下面的第一个凸显区域，显示突出的消息和相关的可选操作，如图 4-96 所示。

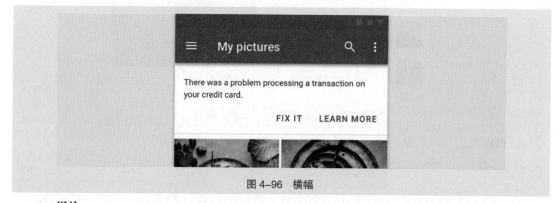

图 4-96　横幅

1. 用法

横幅显示重要、简洁的消息，一次只能显示一个横幅。滚动时，横幅通常随内容移动并滚动屏幕。横幅应显示在屏幕的顶部应用栏下方，如图 4-97 所示。

图 4-97　位于顶部应用栏下方的横幅

当搜索栏固定时，横幅会位于搜索栏下方，如图 4-98 所示。

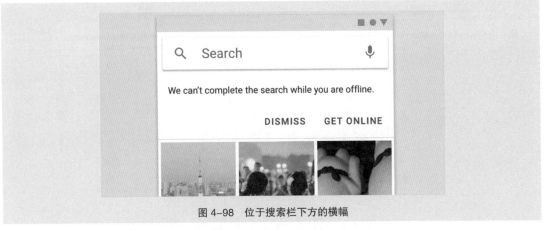

图 4-98 位于搜索栏下方的横幅

当有底部导航时，横幅应位于屏幕顶部，如图 4-99 所示。

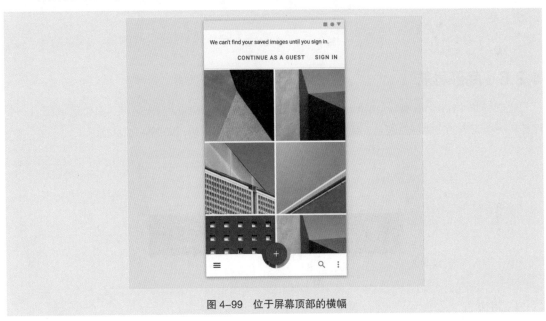

图 4-99 位于屏幕顶部的横幅

2. 组成

横幅由❶辅助图形（可选）、❷容器、❸文本、❹按钮组成，如图 4-100 所示。

图 4-100 横幅的组成

3. 尺寸

横幅的设计尺寸，如图 4-101 所示。

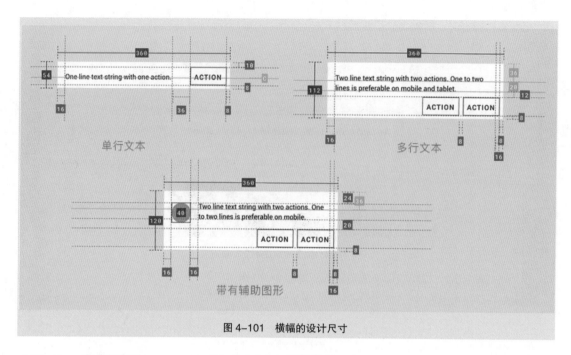

图 4-101　横幅的设计尺寸

4.2.6　底部导航

底部导航（Bottom Navigation）将底部宽度等分为多个图标的点击区域，每个区域都由一个图标和一个可选的文本标签表示，用于连接应用程序中的主要架构，如图 4-102 所示。

图 4-102　底部导航

1.　用法

底部导航上的图标应该为 3 ~ 5 个，不应该少于 3 个或多于 5 个，如图 4-103 所示。

图 4-103　错误示例

2.　组成

底部导航由❶容器、❷未选中图标、❸未选中文本标签、❹选中图标及❺选中文本标签组成，如图 4-104 所示。

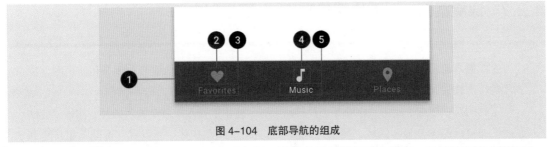

图 4-104 底部导航的组成

另外，底部导航图标的右上角可以包含角标。这些角标可以是动态信息，如待处理请求的数量，如图 4-105 所示。

图 4-105 ❶是常规角标，❷是带号码的徽章，❸是具有最大字符数的角标

3. 尺寸

底部导航的设计尺寸如图 4-106 所示。

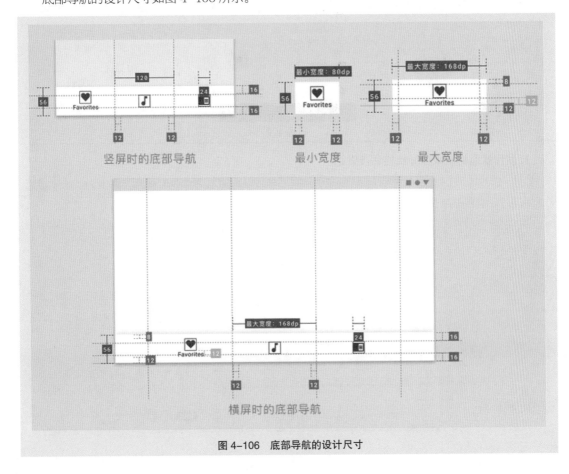

图 4-106 底部导航的设计尺寸

4.2.7 课堂案例——制作医疗类 App 医生列表页

【案例学习目标】学习使用绘图工具、文字工具、"创建剪贴蒙版"命令和使用图层样式添加特殊效果制作医疗类 App 医生列表页。

【案例知识要点】使用"移动"工具移动素材，使用"置入"命令置入图片，使用"剪贴蒙版"命令调整图片显示区域，使用"矩形"工具、"圆角矩形"工具和"椭圆"工具绘制基本形状，使用"横排文字"工具输入文字，效果如图 4-107 所示。

【效果所在位置】Ch04/ 效果 / 制作医疗类 App/ 制作医疗类 App 医生列表页 .psd。

制作医疗类 App 医生列表页

图 4-107

1. 制作状态栏、顶部导航栏和搜索栏

（1）按 Ctrl+N 组合键，弹出"新建文档"对话框，设置宽度为 1 080 像素，高度为 2 220 像素，分辨率为 72 像素 / 英寸，如图 4-108 所示，单击"创建"按钮，完成文档的新建。

图 4-108

（2）选择"视图 > 新建参考线版面"命令，弹出"新建参考线版面"对话框，设置如图 4-109 所示。单击"确定"按钮，完成参考线的创建。

（3）选择"视图 > 新建参考线"命令，弹出"新建参考线"对话框，在 240 像素（距离上方形状 168 像素）的位置建立水平参考线，设置如图 4-110 所示。单击"确定"按钮，完成参考线的创建，效果如图 4-111 所示。

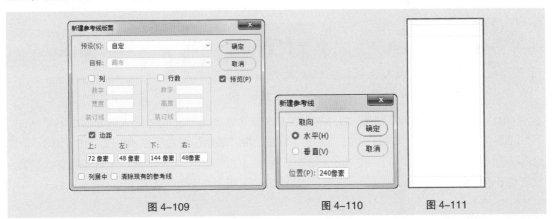

图 4-109　　　　　　　　　　　图 4-110　　　　　　　图 4-111

（4）在"制作医疗类 App 首页"图像窗口中，选中"状态栏"图层组，按住 Shift 键的同时，单击"顶部导航栏"图层组，将需要的图层组同时选取。单击鼠标右键，在弹出的菜单中选择"复制图层"命令，在弹出的对话框中进行设置，如图 4-112 所示，单击"确定"按钮，效果如图 4-113 所示。

（5）打开"顶部导航栏"图层组，选中"首页"图层。选择"横排文字"工具 **T.**，修改文字为"所有医生"，效果如图 4-114 所示并折叠图层组。

图 4-112　　　　　　　　　图 4-113　　　　　　　　图 4-114

（6）选择"视图 > 新建参考线版面"命令，弹出"新建参考线版面"对话框，设置如图 4-115 所示。单击"确定"按钮，完成参考线的创建。

（7）选择"矩形"工具 □.，在属性栏中的"选择工具模式"选项中选择"形状"，将"填充"颜色设为青色（48、215、215），"描边"颜色设为无。在图像窗口中适当的位置绘制矩形，如图 4-116 所示，在"图层"控制面板中生成新的形状图层"矩形 4"。

（8）选择"圆角矩形"工具 □.，在属性栏中将"半径"选项设为 12 像素，在距离上方参考线 36 像素的位置绘制圆角矩形。在属性栏中将"填充"颜色设为白色，"描边"颜色设为无，如图 4-117 所示，在"图层"控制面板中生成新的形状图层"圆角矩形 1"。

（9）按 Ctrl + O 组合键，打开云盘中的 "Ch04 > 素材 > 制作医疗类 App 医生列表页 > 01"文件，选择"移动"工具 ✛.，将"搜索 1"图形拖曳到距离上方参考线 42 像素的位置，效果如图 4-118 所示，在"图层"控制面板中生成新的形状图层"搜索 1"。

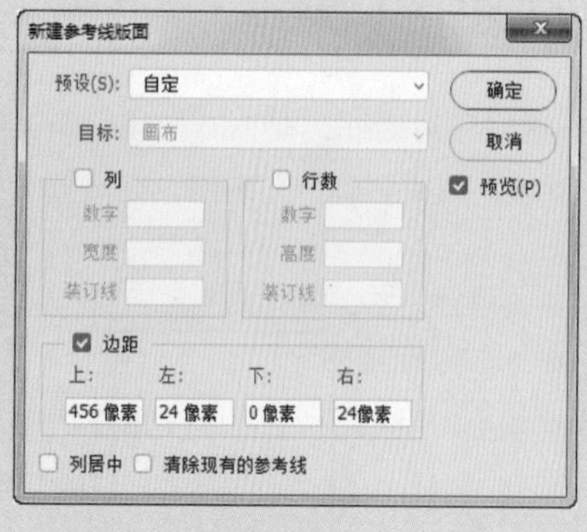

图 4-115 　　　　　　　　图 4-116　　　　　　　　图 4-117

（10）选择"横排文字"工具 **T.**，在距离上方参考线 88 像素的位置输入需要的文字并选取文字。选择"窗口 > 字符"命令，弹出"字符"面板，将"颜色"设为灰色（216、216、216），其他选项的设置如图 4-119 所示，按 Enter 键确认操作，在"图层"控制面板中生成新的文字图层，效果如图 4-120 所示。

图 4-118　　　　　　　　图 4-119　　　　　　　　图 4-120

（11）在"01"图像窗口中，选择"移动"工具 **+.**，选中"语音"图层，将其拖曳到距离上方参考线 42 像素的位置，效果如图 4-121 所示，在"图层"控制面板中生成新的形状图层"语音"。

（12）按住 Shift 键的同时，单击"矩形 4"图层，将需要的图层同时选取，按 Ctrl+G 组合键，群组图层并将其命名为"搜索栏"，如图 4-122 所示。

2. 制作内容区

（1）选择"视图 > 新建参考线"命令，弹出"新建参考线"对话框，在 504 像素（距离上方参考线 48 像素）的位置建立水平参考线，设置如图 4-123 所示。单击"确定"按钮，完成参考线的创建。用相同的方法，在 880 像素（距离上方参考线 376 像素）的位置建立水平参考线。

（2）选择"圆角矩形"工具 **□.**，在属性栏中将"填充"颜色设为白色，"描边"颜色设为无，"半径"选项设为 12 像素。在适当的位置绘制圆角矩形，效果如图 4-124 所示。在"图层"控制面板中生成新的形状图层"圆角矩形 2"。

（3）按 Ctrl+J 组合键，复制图层，在"图层"控制面板中生成新的形状图层"圆角矩形 2 拷贝"。在属性栏中将"填充"颜色设为灰色（220、220、220），然后拖曳到适当的位置。在"属性"面板中单击"蒙版"按钮，设置如图 4-125 所示，按 Enter 键确认操作，效果如图 4-126 所示。

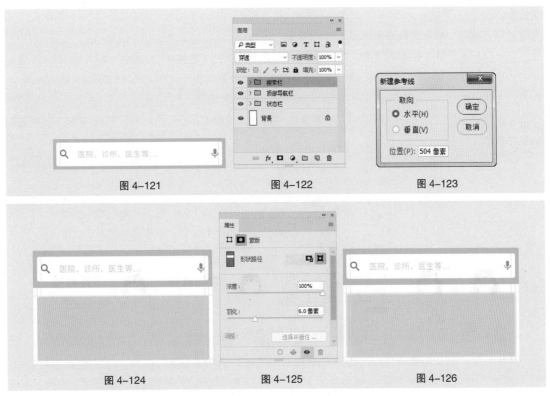

图 4-121　　　　　　　　　　图 4-122　　　　　　　　　图 4-123

图 4-124　　　　　　　　　　图 4-125　　　　　　　　　图 4-126

（4）选择"移动"工具 ，在"图层"控制面板中将"圆角矩形 2 拷贝"图层拖曳到"圆角矩形 2"图层的下方，效果如图 4-127 所示。

（5）选择"椭圆"工具 ，按住 Shift 键的同时，在距离上方参考线 56 像素的位置绘制圆形，在"图层"控制面板中生成新的形状图层"椭圆 2"。在属性栏中将"填充"颜色设为深青色（191、213、213），"描边"颜色设为无，如图 4-128 所示。

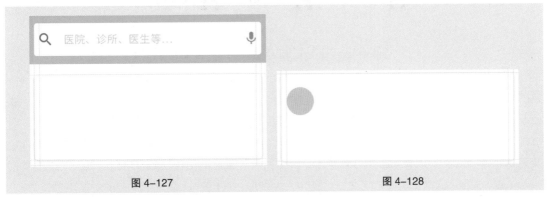

图 4-127　　　　　　　　　　　　　　　　图 4-128

（6）选择"文件 > 置入嵌入对象"命令，弹出"置入嵌入的对象"对话框，选择云盘中的"Ch04 > 素材 > 制作医疗类 App 医生列表页 > 02"文件，单击"置入"按钮，将图片置入到图像窗口中，拖曳到适当的位置并调整其大小，按 Enter 键确认操作，在"图层"控制面板中生成新的图层并将其命名为"头像 1"。按 Alt+Ctrl+G 组合键，为"头像 1"图层创建剪贴蒙版，效果如图 4-129 所示。

（7）选择"椭圆"工具 ，在属性栏中将"填充"颜色设为绿色（86、231、165），"描边"

颜色设为白色，"粗细"选项设为3像素。按住Shift键的同时，在适当的位置绘制圆形，如图4-130所示，在"图层"控制面板中生成新的形状图层"椭圆3"。

（8）选择"横排文字"工具 T.，在距离上方参考线64像素的位置输入需要的文字并选取文字，在"字符"面板中，将"颜色"设为黑色，其他选项的设置如图4-131所示，按Enter键确认操作，效果如图4-132所示，在"图层"控制面板中生成新的文字图层。

（9）用相同的方法，在距离文字30像素的位置输入需要的灰色（90、90、90）文字，效果如图4-133所示。

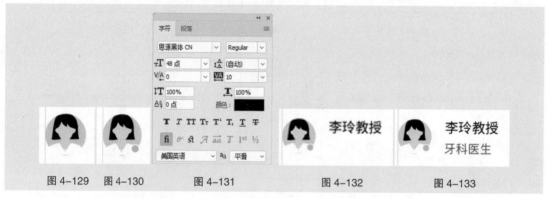

图4-129　　图4-130　　　　图4-131　　　　　　　　图4-132　　　　　　图4-133

（10）在"01"图像窗口中，选择"移动"工具 ✛.，选中"喜欢"图层，将其拖曳到距离上方文字36像素的位置，效果如图4-134所示，在"图层"控制面板中生成新的形状图层"喜欢"。

（11）按住Alt+Shift组合键的同时，将该图形拖曳到适当的位置，复制图形，在"图层"控制面板中生成新的形状图层"喜欢 拷贝"。用相同的方法复制多个图形，效果如图4-135所示。

（12）选择"喜欢 拷贝4"图层，在"图层"控制面板上方，将其"不透明度"选项设为40%，按Enter键确认操作，效果如图4-136所示。

图 4-134　　　　　　图 4-135　　　　　　图 4-136

（13）选择"横排文字"工具 T.，在距离左侧图形32像素的位置输入需要的文字并选取文字，在"字符"面板中，将"颜色"设为灰色（90、90、90），其他选项的设置如图4-137所示，按Enter键确认操作，效果如图4-138所示，在"图层"控制面板中生成新的文字图层。

（14）在"01"图像窗口中，选择"移动"工具 ✛.，选中"位置"图层，将其拖曳到距离上方文字36像素的位置，效果如图4-139所示，在"图层"控制面板中生成新的形状图层"位置"。

（15）选择"横排文字"工具 T.，在距离左侧图形30像素的位置输入需要的文字并选取文字，在"字符"面板中，将"颜色"设为灰色（90、90、90），其他选项的设置如图4-140所示，按Enter键确认操作，效果如图4-141所示，在"图层"控制面板中生成新的文字图层。

（16）在"01"图像窗口中，选择"移动"工具 ✛.，选中"电话"图层，将其拖曳到距离上方参考线88像素的位置，效果如图4-142所示，在"图层"控制面板中生成新的形状图层"电话"。

（17）按住Shift键的同时，单击"圆角矩形2"图层，将需要的图层同时选取，按Ctrl+G组合键，群组图层并将其命名为"李玲教授"。

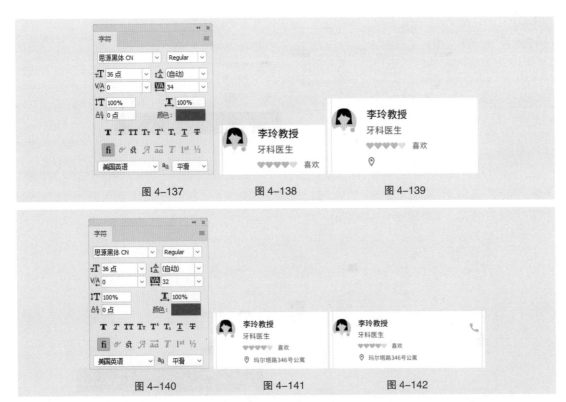

图 4-137　　　　　图 4-138　　　　　　　图 4-139

图 4-140　　　　　图 4-141　　　　　　　图 4-142

（18）选择"视图 > 新建参考线"命令，弹出"新建参考线"对话框，在 902 像素（距离上方参考线 24 像素）的位置建立水平参考线，设置如图 4-143 所示。单击"确定"按钮，完成参考线的创建。

（19）用相同的方法创建其他参考线，并制作"唐乐阳""高冷"和"令亚东"图层组。按住 Shift 键的同时，单击"李玲教授"图层组，将需要的图层组同时选取，按 Ctrl+G 组合键，群组图层并将其命名为"内容区"，效果如图 4-144 所示。

图 4-143　　　　　　　　　图 4-144

3. 制作底部应用栏、底部导航栏和悬浮按钮

（1）在"制作医疗类 App 首页"图像窗口中，选中"底部导航栏"图层组，按住 Shift 键的同时，单击"底部应用栏"图层组，将需要的图层组同时选取。单击鼠标右键，在弹出的菜单中选择"复制图层"命令，在弹出的对话框中进行设置，如图 4-145 所示，单击"确定"按钮，并在"未标题 -1"

图像窗口中将选取的图层组拖曳到适当的位置，效果如图 4-146 所示。

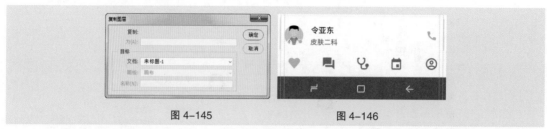

图 4-145   图 4-146

（2）打开"底部应用栏"图层组，选中"矩形 7"图层。双击图层，弹出"图层样式"对话框，选择"投影"选项，切换到相应的对话框，将投影颜色设为黑色，其他选项的设置如图 4-147 所示，单击"确定"按钮，效果如图 4-148 所示。

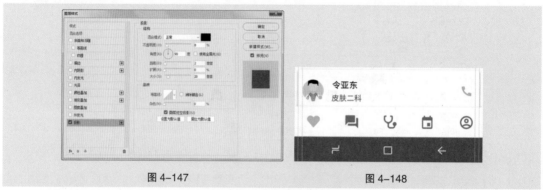

图 4-147   图 4-148

（3）选择"喜欢"和"消息"图层，按 Delete 键删除图层。在"01"图像窗口中，选择"移动"工具 ⊕，选中"喜欢 1"和"消息"图层，将其拖曳到适当的位置，在"图层"控制面板中生成新的形状图层"喜欢 1"和"消息"，效果如图 4-149 所示。

（4）选择"椭圆"工具 ◯，按住 Shift 键的同时，在距离下方参考线 246 像素的位置绘制圆形。在属性栏中将"填充"颜色设为绿色（86、231、165），"描边"颜色设为无，效果如图 4-150 所示，在"图层"控制面板中生成新的形状图层"椭圆 4"。

图 4-149   图 4-150

（5）按 Ctrl+J 组合键，复制图层，在"图层"控制面板中生成新的形状图层"椭圆 4 拷贝"。在属性栏中将"填充"颜色设为灰色（220、220、220），填充图形。选择"移动"工具 ⊕，将其拖曳到适当的位置，效果如图 4-151 所示。在"属性"面板中单击"蒙版"按钮，设置如图 4-152 所示，按 Enter 键确认操作。在"图层"控制面板中将"椭圆 4 拷贝"图层拖曳到"椭圆 4"图层的下方，效果如图 4-153 所示。

（6）在"01"图像窗口中，选择"移动"工具 ⊕，选中"喜欢 2"图层，将其拖曳到图像窗口中适当的位置，效果如图 4-154 所示，在"图层"控制面板中生成新的形状图层"喜欢 2"。按住 Shift 键的同时，单击"椭圆 4"图层，将需要的图层同时选取，按 Ctrl+G 组合键，群组图层并将其命名为"悬浮按钮"。

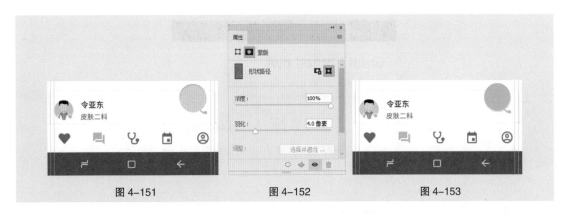

图 4-151   图 4-152   图 4-153

图 4-154

（7）按 Ctrl+S 组合键，弹出"存储为"对话框，将其命名为"制作医疗类 App 医生列表页"，保存为 psd 格式。单击"保存"按钮，弹出"Photoshop 格式选项"对话框，单击"确定"按钮，将文件保存。医疗类 App 医生列表页制作完成。

4.2.8 按钮

按钮（Buttons）是通过用户单击即可进行反馈并执行的组件，如图 4-155 所示。

1. 用法

按钮有❶文本按钮由、❷线性按钮、❸面性按钮及❹切换按钮 4 种类型，如图 4-156 所示。

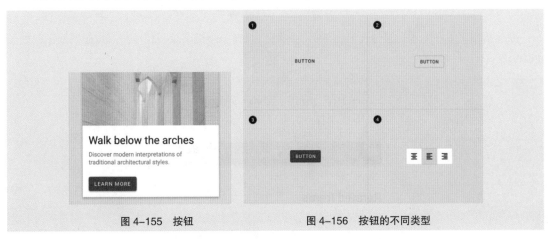

图 4-155 按钮   图 4-156 按钮的不同类型

文本按钮：文本按钮通常用于不太重要的操作，常被放置于对话框和卡片中，如图 4-157 所示。

线性按钮：线性按钮虽然包含重要的操作，但不是应用中的主要操作，如图 4-158 所示。

图 4-157 文本按钮

图 4-158 线性按钮

面性按钮：面性按钮用于重要的操作，并通过高度和填充的设计有别于周围，如图 4-159 所示。

图 4-159 面性按钮

面性按钮可以在文本标签旁边放置图标，既可以明确操作又可以引起用户对按钮的注意，如图 4-160 所示。

图 4-160 带有图标的面性按钮

切换按钮：切换按钮可对相关选项进行分组。要强调相关切换的一组按钮，这一组按钮应共享一个公共容器，如图 4-161 所示。

图 4-161　切换按钮

2. 组成

❶文本按钮由Ⓐ文本标签和Ⓒ图标（可选）组成，❷线性按钮由Ⓐ文本标签、Ⓑ容器及Ⓒ图标（可选）组成，❸面性按钮由Ⓐ文本标签、Ⓑ容器及Ⓒ图标（可选）组成，❹切换按钮由Ⓐ容器和Ⓒ图标组成，如图 4-162 所示。

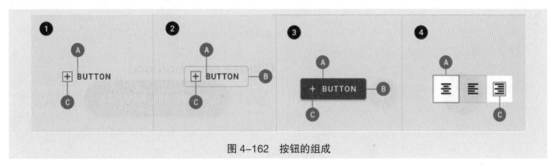

图 4-162　按钮的组成

3. 尺寸

按钮的设计尺寸，如图 4-163 所示。

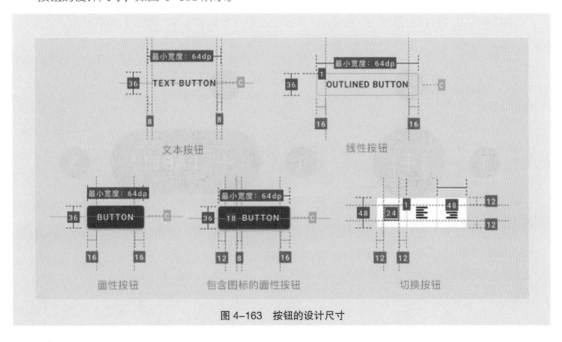

图 4-163　按钮的设计尺寸

4.2.9 悬浮动作按钮

悬浮动作按钮（Floating Action Button，FAB），一般用来执行屏幕上主要的和最常见的操作，如图 4-164 所示。

图 4-164　悬浮动作按钮

1. 用法

悬浮动作按钮出现在所有屏幕内容的前面，通常是一个圆形，中间有一个图标。悬浮动作按钮有常规，迷你和扩展 3 种类型，如图 4-165 所示。

图 4-165　常规和迷你（左）与扩展（右）

2. 组成

常规和迷你型悬浮动作按钮由❶容器及❷图标组成，如图 4-166 所示。

扩展型悬浮动作按钮由❶容器、❷图标（可选）及❸文字标签组成，如图 4-167 所示。

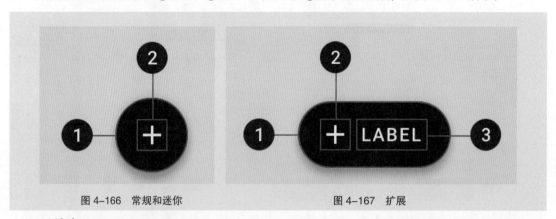

图 4-166　常规和迷你　　　　　　　　　图 4-167　扩展

3. 尺寸

悬浮动作按钮的设计尺寸，如图 4-168 所示。

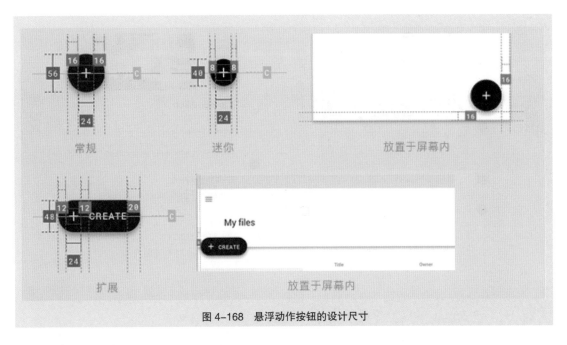

图 4-168　悬浮动作按钮的设计尺寸

4.2.10　卡片

卡片（Cards）是单个主题内容和操作的集合，如图 4-169 所示。

1. 用法

卡片应该易于扫描以获取相关和可操作的信息，文本和图像等元素应该以一种清楚地表示层次结构的方式放于其上，如图 4-170 所示。

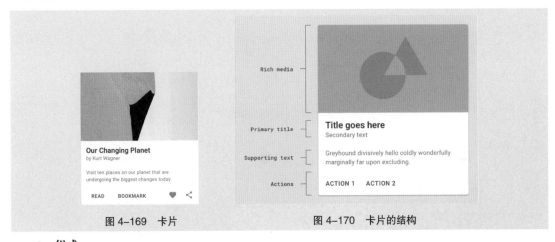

图 4-169　卡片　　　　　　　　　　　图 4-170　卡片的结构

2. 组成

卡片的组成如下：❶容器可以容纳所有卡片元素，其尺寸由元素占据的空间决定；❷缩略图（可选）可以放置头像、图标及 LOGO；❸标题文字（可选）通常是卡片中最重要的标题；❹子标题（可选）通常是文章署名或标记位置等信息；❺媒体（可选）包括照片和视频等；❻辅助文字（可选）通常是描述性文字；❼按钮（可选）；❽图标（可选），如图 4-171 所示。

另外，分隔线用于分隔卡片中的区域或指示卡片中可以展开的区域，如图 4-172 所示。

图 4-171　卡片的组成　　　　　　　　　图 4-172　分隔线

3. 尺寸

在移动设备上，卡片的默认高度为 1 dp，提升高度为 8 dp，如图 4-173 所示。

此外，卡片可以具有 0 dp 的静止高度，在悬停时升至 8 dp，如图 4-174 所示。

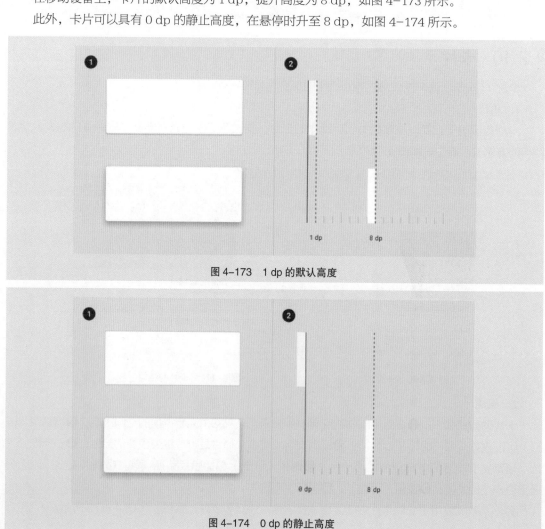

图 4-173　1 dp 的默认高度

图 4-174　0 dp 的静止高度

由于卡片并没有统一的布局、排版甚至图像大小，卡片的设计都应根据呈现内容的需求调整，因此这里只展示了常用卡片的布局及尺寸，如图 4-175 所示。

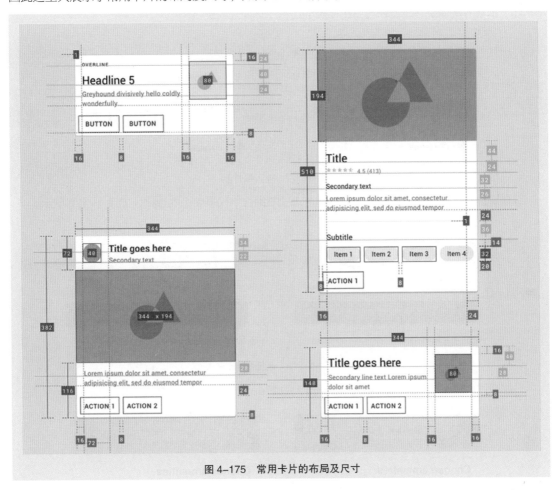

图 4-175　常用卡片的布局及尺寸

4.2.11　纸片

纸片（Chips）是表示输入、属性或操作的紧凑元素，如邮件中添加收件人的操作，如图 4-176 所示。

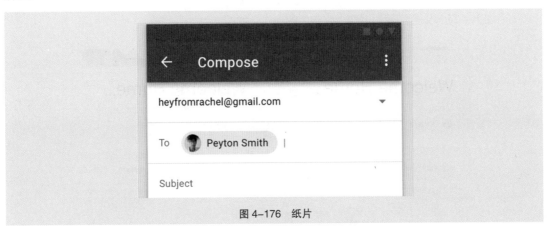

图 4-176　纸片

1. 用法

纸片允许用户输入信息、进行选择、过滤内容及触发操作。

输入纸片：输入纸片表示在字段中使用的信息，如图 4-177 所示。

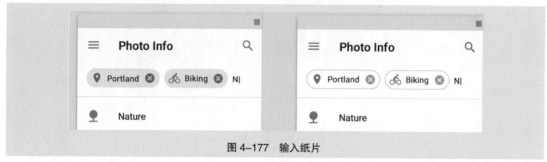

图 4-177　输入纸片

选择纸片：选择纸片是指在包含至少两个选项的集合中代表单个的选择，如图 4-178 所示。

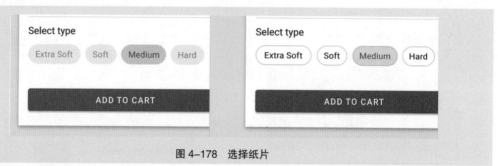

图 4-178　选择纸片

过滤纸片：过滤纸片是一个集合的过滤器，如图 4-179 所示。

图 4-179　过滤纸片

动作纸片：动作纸片触发与主要内容相关的动作，如图 4-180 所示。

图 4-180　动作纸片

2. 组成

纸片由❶容器、❷缩略图（可选）、❸文字及❹删除图标（可选）组成，如图 4-181 所示。

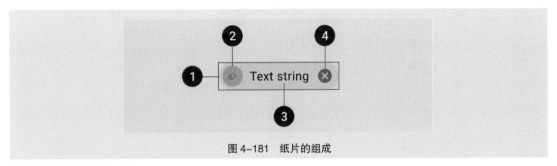

图 4-181　纸片的组成

3. 尺寸

纸片的设计尺寸如图 4-182 所示。

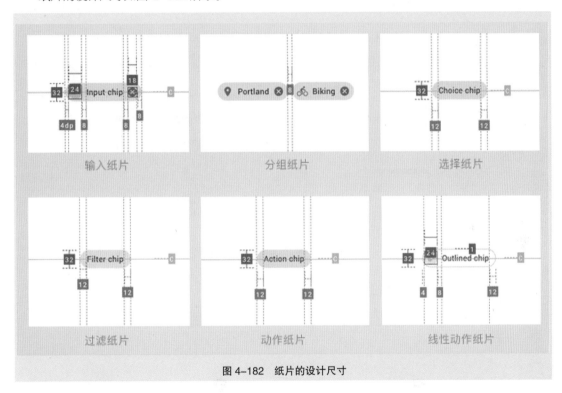

图 4-182　纸片的设计尺寸

4.2.12　数据表

数据表（Data Tables）显示数据集，如图 4-183 所示。

1. 用法

数据表以一种易于扫描的方式显示信息，以便用户查找模式和理解。它们可以嵌入主要内容中，如卡片。数据表包括相应的可视化、导航及查询和操作数据的工具，如图 4-184 所示。

2. 组成

数据表由❶容器、❷列标题、❸排序工具、❹复选框及❺表格内容组成，如图 4-185 所示。

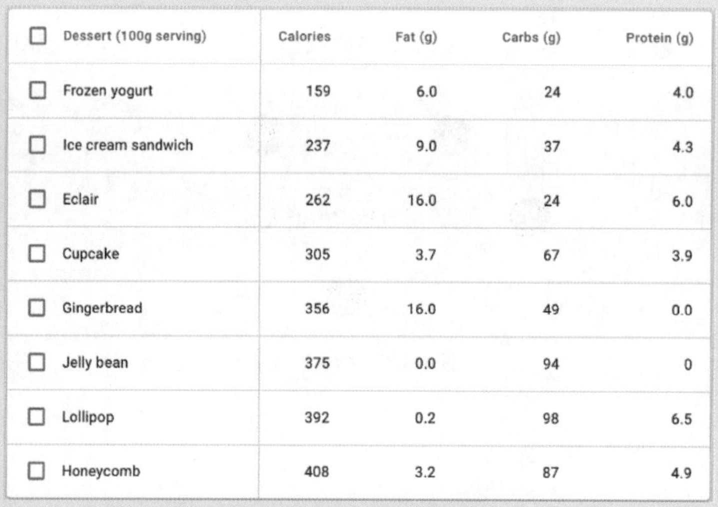

Dessert (100g serving)	Calories	Fat (g)	Carbs (g)	Protein (g)
☐ Frozen yogurt	159	6.0	24	4.0
☐ Ice cream sandwich	237	9.0	37	4.3
☐ Eclair	262	16.0	24	6.0
☐ Cupcake	305	3.7	67	3.9
☐ Gingerbread	356	16.0	49	0.0
☐ Jelly bean	375	0.0	94	0
☐ Lollipop	392	0.2	98	6.5
☐ Honeycomb	408	3.2	87	4.9

图 4–183　数据表

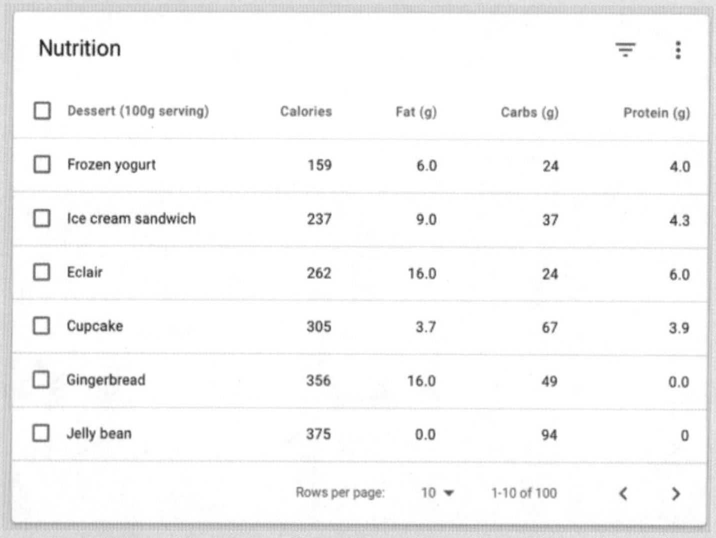

Nutrition

Dessert (100g serving)	Calories	Fat (g)	Carbs (g)	Protein (g)
☐ Frozen yogurt	159	6.0	24	4.0
☐ Ice cream sandwich	237	9.0	37	4.3
☐ Eclair	262	16.0	24	6.0
☐ Cupcake	305	3.7	67	3.9
☐ Gingerbread	356	16.0	49	0.0
☐ Jelly bean	375	0.0	94	0

Rows per page:　10 ▼　1-10 of 100　< >

图 4–184

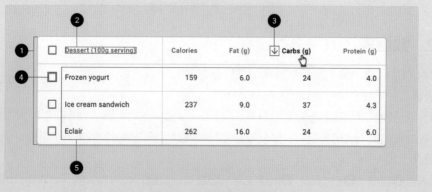

图 4–185　数据表的组成

3．尺寸

数据表的设计尺寸如图 4-186 所示。

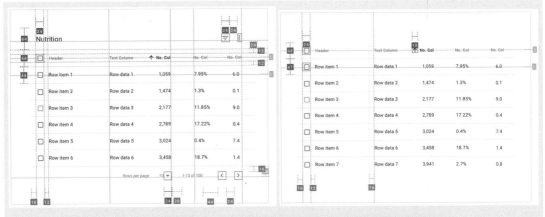

图 4-186　数据表的设计尺寸：带标题的数据表（左）与不带标题的数据表（右）

4.2.13　课堂案例——制作医疗类 App 医生介绍页

【案例学习目标】学习使用绘图工具、文字工具、"创建剪贴蒙版"命令和使用图层样式添加特殊效果制作医疗类 App 医生介绍页。

【案例知识要点】使用"移动"工具移动素材，使用"置入"命令置入图片，使用"剪贴蒙版"命令调整图片显示区域，使用"圆角矩形"工具、"椭圆"工具和"直线"工具绘制基本形状，使用"横排文字"工具输入文字，如图 4-187 所示。

【效果所在位置】Ch04/ 效果 / 制作医疗类 App/ 制作医疗类 App 医生介绍页 .psd。

制作医疗类
App 医生介
绍页

图 4-187

（1）按 Ctrl+N 组合键，弹出"新建文档"对话框，设置宽度为 1 080 像素，高度为 2220 像素，分辨率为 72 像素 / 英寸，如图 4-188 所示，单击"创建"按钮，完成文档的新建。

图 4-188

（2）选择"文件 > 置入嵌入的对象"命令，弹出"置入嵌入的对象"对话框，选择云盘中的"Ch04 > 素材 > 制作医疗类 App 医生介绍页 > 01"文件，单击"置入"按钮，将图片置入到图像窗口中，拖曳到适当的位置并调整其大小，按 Enter 键确认操作，效果如图 4-189 所示，在"图层"控制面板中生成新的图层并将其命名为"底图"。

（3）单击"图层"控制面板下方的"添加图层样式"按钮 fx.，在弹出的菜单中选择"颜色叠加"命令，弹出对话框，将叠加颜色设为黑色，其他选项的设置如图 4-190 所示，单击"确定"按钮，效果如图 4-191 所示。

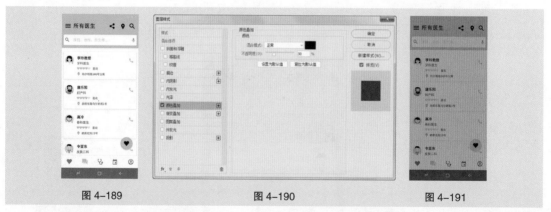

图 4-189   图 4-190   图 4-191

（4）选择"视图 > 新建参考线"命令，弹出"新建参考线"对话框，在 640 像素和 1 814 像素的位置分别建立水平参考线，设置如图 4-192 和图 4-193 所示。单击"确定"按钮，完成参考线的创建，效果如图 4-194 所示。

（5）选择"圆角矩形"工具 □.，在属性栏中的"选择工具模式"选项中选择"形状"，将"填充"颜色设为白色，"描边"颜色设为无，"半径"选项设为 12 像素，在适当的位置绘制圆角矩形，在"图层"控制面板中生成新的形状图层"圆角矩形 1"，效果如图 4-195 所示。

（6）按 Ctrl+J 组合键，复制图层，在"图层"控制面板中生成新的形状图层"圆角矩形 1 拷贝"。在属性栏中将"填充"颜色设为灰色（117、117、117），拖曳到适当的位置，效果如图 4-196 所示。

Photoshop CC 移动 UI 设计案例教程（全彩慕课版）

在"属性"面板中单击"蒙版"按钮，设置如图 4-197 所示，按 Enter 键确认操作，效果如图 4-198 所示。

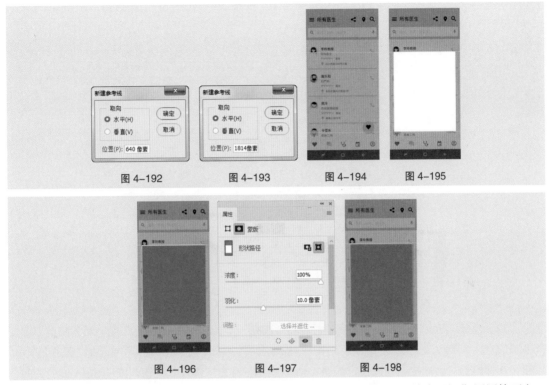

图 4-192 图 4-193 图 4-194 图 4-195

图 4-196 图 4-197 图 4-198

（7）在"图层"控制面板中，将"圆角矩形 1 拷贝"图层拖曳到"圆角矩形 1"图层的下方，效果如图 4-199 所示。

（8）选择"视图 > 新建参考线"命令，弹出"新建参考线"对话框，在 712 像素（距离上方参考线 128 像素）的位置建立一条水平参考线，设置如图 4-200 所示。单击"确定"按钮，完成参考线的创建，效果如图 4-201 所示。

（9）选择"椭圆"工具 ⬭，按住 Shift 键的同时，在适当的位置绘制圆形。在属性栏中将"填充"颜色设为绿色（195、236、217），"描边"颜色设为无，如图 4-202 所示，在"图层"控制面板中生成新的形状图层"椭圆 1"。

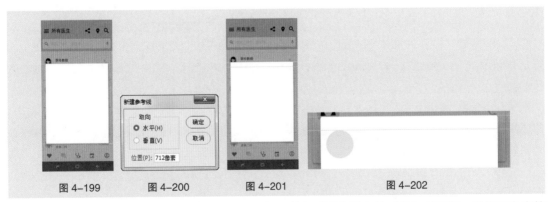

图 4-199 图 4-200 图 4-201 图 4-202

（10）选择"文件 > 置入嵌入的对象"命令，弹出"置入嵌入的对象"对话框，选择云盘中的

"Ch04 > 素材 > 制作医疗类 App 医生介绍页 > 02"文件，单击"置入"按钮，将图片置入到图像窗口中，拖曳到适当的位置并调整其大小，按 Enter 键确认操作，在"图层"控制面板中生成新的图层并将其命名为"头像"。按 Alt+Ctrl+G 组合键，为"头像"图层创建剪贴蒙版，效果如图 4-203 所示。

（11）选择"横排文字"工具 **T.**，在距离上方参考线 20 像素的位置输入需要的文字并选取文字。选择"窗口 > 字符"命令，弹出"字符"面板，将"颜色"设为黑色，其他选项的设置如图 4-204 所示，按 Enter 键确认操作。用相同的方法再次输入灰色（125、125、125）文字，效果如图 4-205 所示。

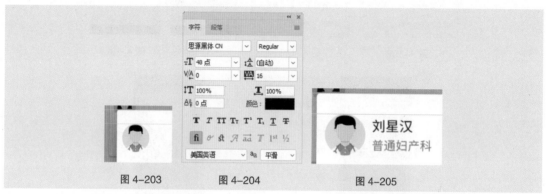

图 4-203　　　　　　图 4-204　　　　　　图 4-205

（12）选择"直线"工具 **/.**，在属性栏中将"填充"颜色设为无，"描边"颜色设为灰色（151、151、151），"粗细"选项设为 3 像素。单击"描边选项"按钮，在弹出的菜单中选择"更多选项…"按钮，在弹出的对话框中进行设置，如图 4-206 所示，单击"确定"按钮。按住 Shift 键的同时，在图像窗口中适当的位置绘制直线，如图 4-207 所示，在"图层"控制面板中生成新的形状图层并将其命名为"分隔线"。

图 4-206　　　　　　　　　图 4-207

（13）选择"视图 > 新建参考线"命令，弹出"新建参考线"对话框，在 984 像素（距离上方形状 82 像素）的位置建立一条水平参考线，设置如图 4-208 所示。单击"确定"按钮，完成参考线的创建。

（14）选择"横排文字"工具 **T.**，在适当的位置输入需要的文字并选取文字。在"字符"面板中，将"颜色"设为灰色（125、125、125），其他选项的设置如图 4-209 所示，按 Enter 键确认操作，效果如图 4-210 所示，在"图层"控制面板中生成新的文字图层。

（15）按住 Shift 键的同时，单击"椭圆 1"图层，将需要的图层同时选取，按 Ctrl+G 组合键，群组图层并将其命名为"医生信息"，如图 4-211 所示。

（16）选择"视图 > 新建参考线"命令，弹出"新建参考线"对话框，在 1 104 像素（距离上方形状 120 像素）的位置建立一条水平参考线，设置如图 4-212 所示。单击"确定"按钮，完成参考线的创建。

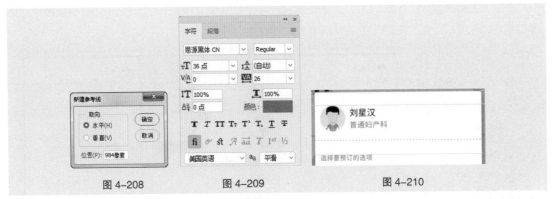

图 4-208　　　　　　图 4-209　　　　　　图 4-210

（17）按 Ctrl + O 组合键，打开云盘中的"Ch04 > 素材 > 制作医疗类 App 医生介绍页 > 03"文件，选择"移动"工具 ⊕，将"电话"图形拖曳到图像窗口中适当的位置，效果如图 4-213 所示，在"图层"控制面板中生成新的形状图层"电话"。

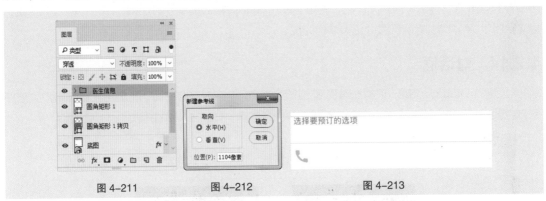

图 4-211　　　　　　图 4-212　　　　　　图 4-213

（18）选择"横排文字"工具 T，在适当的位置输入需要的文字并选取文字。在"字符"面板中，将"颜色"设为黑色，其他选项的设置如图 4-214 所示，按 Enter 键确认操作。用相同的方法再次输入灰色（125、125、125）文字，效果如图 4-215 所示，在"图层"控制面板中分别生成新的文字图层。

图 4-214　　　　　　　　　　图 4-215

（19）按住 Shift 键的同时，单击"电话"图层，将需要的图层同时选取，按 Ctrl+G 组合键，群组图层并将其命名为"电话咨询"，如图 4-216 所示。用相同的方法分别制作"视频咨询"和"病例访问"图层组，效果如图 4-217 所示。

（20）选择"横排文字"工具 **T.**，在适当的位置输入需要的文字并选取文字。在"字符"面板中，将"颜色"设为绿色（0、102、95），其他选项的设置如图 4-218 所示，按 Enter 键确认操作，效果如图 4-219 所示，在"图层"控制面板中生成新的文字图层。

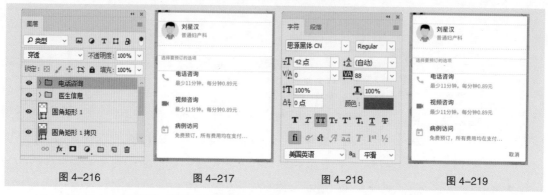

| 图 4-216 | 图 4-217 | 图 4-218 | 图 4-219 |

（21）按 Ctrl+S 组合键，弹出"存储为"对话框，将其命名为"制作医疗类 App 医生介绍页"，保存为 psd 格式。单击"保存"按钮，弹出"Photoshop 格式选项"对话框，单击"确定"按钮，将文件保存。医疗类 App 医生介绍页制作完成。

4.2.14 对话框

对话框（Dialogs）是一种模态对话框，出现在应用程序内容的前面，主要用来通知用户关于任务的信息，可以包含关键信息、命令判断或更多任务信息，如图 4-220 所示。

1. 用法

警告对话框：警告对话框会中断用户的紧急信息、详细信息或操作，如图 4-221 所示。

图 4-220　对话框　　　　图 4-221　警告对话框

简单对话框：简单对话框显示选中后立即生效的项目列表，如图 4-222 所示。

确认对话框：确认对话框要求用户在提交选项之前先确认选择，如图 4-223 所示。

全屏对话框：全屏对话框填满整个屏幕，其中包含需要完成一系列任务的操作，如图 4-224 所示。

2. 组成

对话框由❶容器、❷标题（可选）、❸辅助文字、❹按钮及❺遮罩组成，如图 4-225 所示。

图 4-222　简单对话框　图 4-223　确认对话框　图 4-224　全屏对话框　图 4-225　对话框的组成

3. 尺寸

对话框的设计尺寸如图 4-226 所示。

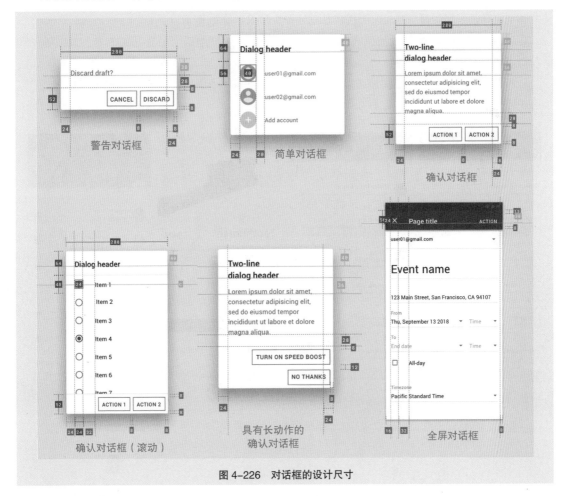

图 4-226　对话框的设计尺寸

4.2.15　分隔线

分隔线（Dividers）是一条细线，用于对列表和布局中的内容进行分组，如图 4-227 所示。

图 4-227　分隔线

1．用法

全出血分隔线：全出血分隔线将内容分成多个部分并跨越布局的整个长度，如图 4-228 所示。

插入式分隔线：插入式分隔线分隔相关内容，如电子邮件线程中的电子邮件。它们应与图标或头像等特定元素一起使用，并与应用栏标题左对齐，如图 4-229 所示。

居中分隔线：居中分隔线放置在布局或列表的中间，它们最适合分离相关内容，如图 4-230 所示。

子标题分隔线：子标题分隔线可以与子标题配对以识别分组内容。将分隔线放在子标题上方以加强子标题与内容的连接，如图 4-231 所示。

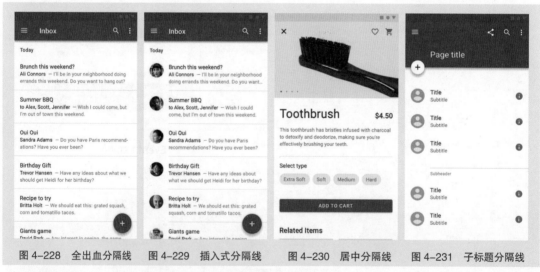

图 4-228　全出血分隔线　　图 4-229　插入式分隔线　　图 4-230　居中分隔线　　图 4-231　子标题分隔线

2．尺寸

分隔线的设计尺寸如图 4-232 所示。

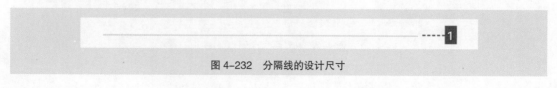

图 4-232　分隔线的设计尺寸

4.2.16 图片组

图片组（Image lists）用于有秩序地显示图像，如图 4-233 所示。

图 4-233　图片组

1. 用法

图片组有标准图片组、排版图片组、照片墙图片组及瀑布流图片组 4 种形式，如图 4-234 所示。

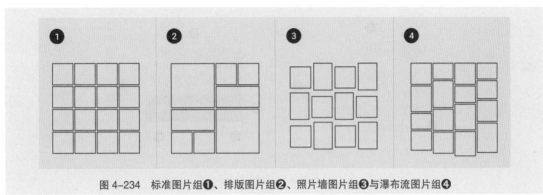

图 4-234　标准图片组❶、排版图片组❷、照片墙图片组❸与瀑布流图片组❹

标准图片组：标准图片组最适合于同等重要的项目，它们具有统一的尺寸、比例和间距，如图 4-235 所示。

排版图片组：排版图片组强调一个集合中的某些图像，它们使用不同的大小和比例创建层次结构，如图 4-236 所示。

图 4-235　标准图片组　　　　　　图 4-236　排版图片组

照片墙图片组：照片墙图片组便于浏览对等内容，它们在不同比例的容器中显示内容，以创建有节奏的布局，如图 4-237 所示。

瀑布流图片组：瀑布流图片组便于浏览未裁剪的对等内容，容器高度根据图像大小确定，如图 4-238 所示。

图 4-237　照片墙图片组　　　　　　　　图 4-238　瀑布流图片组

2. 组成

对话框由❶图片容器、❷文字标签（可选）、❸可交互图标（可选）、❹文字保护（可选）及❺图片列表项组成，如图 4-239 所示。

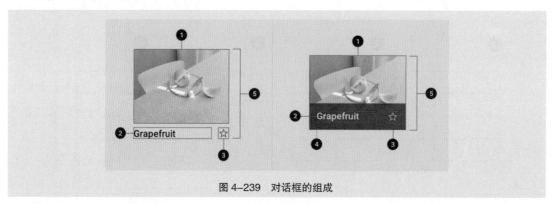

图 4-239　对话框的组成

3. 尺寸

图片组的设计尺寸如图 4-240 所示。

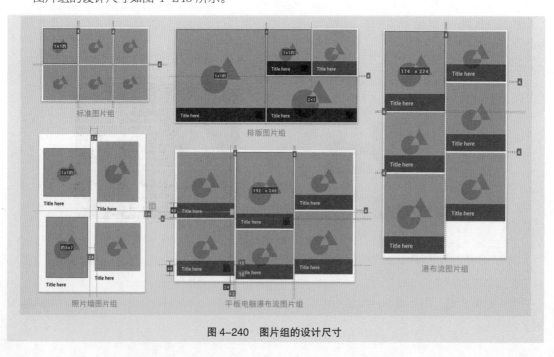

标准图片组　　　　　　排版图片组　　　　　　瀑布流图片组

照片墙图片组　　　　平板电脑瀑布流图片组

图 4-240　图片组的设计尺寸

4.2.17 列表

列表（Lists）是一组连续的文本或图像，如图 4-241 所示。

1. 用法

列表有单行列表、两行列表及三行列表 3 种类型，如图 4-242 所示。

图 4-241 列表　　　图 4-242 单行列表（左）、两行列表（中）与三行列表（右）

单行列表：单行列表最多包含一行文本，如图 4-243 所示。

图 4-243 带文本的单行列表（左）与带图标和文本的单行列表（右）

两行列表：两行列表最多包含两行文本，如图 4-244 所示。

图 4-244 带图标和元图标的两行列表（左）与带缩略图和元文本的两行列表（右）

三行列表：三行列表最多包含三行文本，如图 4-245 所示。

图 4-245　带头像的三行列表（左）、带缩略图和元文本的三行列表（中），以及同一列表，不同行之间的文本数量可能不同（右）

每个列表中也会带有控件，用于显示列表项的信息和操作。

复选框：复选框可以是主要操作或辅助操作，如图 4-246 所示。

图 4-246　辅助操作（左）与主要操作（右）

展开和折叠：通过垂直展开和折叠列表内容来显示和隐藏现有列表项的详细信息，如图 4-247 所示。

开关：单击列表控件会扩展列表，如图 4-248 所示。

图 4-247　折叠（左）与展开（右）　　　　图 4-248　开关

重新排序：通常以编辑模式显示，拖动列表项会将它们移动到列表中的其他位置，如图 4-249 所示。

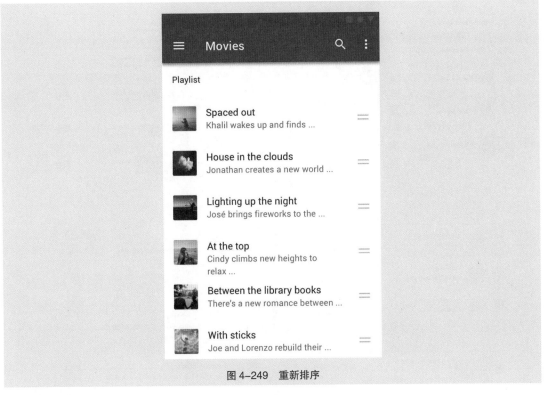

图 4-249　重新排序

2. 组成

列表由❶列表容器、❷行及❸列表内容组成，如图 4-250 所示。

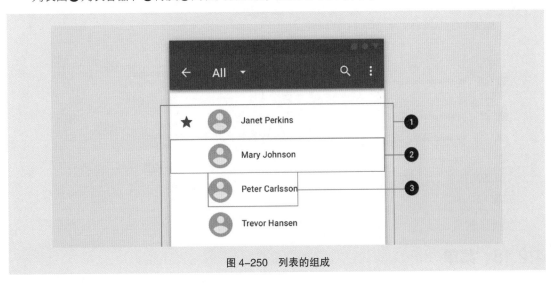

图 4-250　列表的组成

3. 尺寸

列表的设计尺寸如图 4-251 所示。

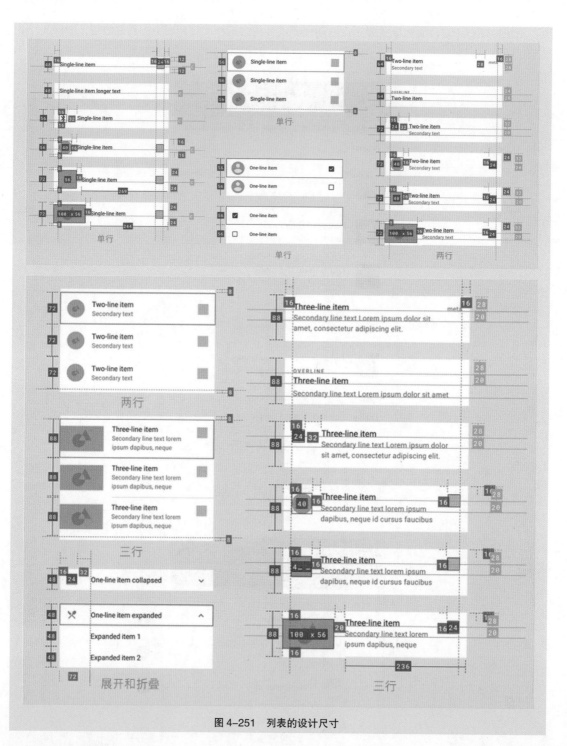

图 4-251　列表的设计尺寸

4.2.18　菜单

菜单（Menus）是临时显示于表面上的选项列表，如图 4-252 所示。

1. 用法

菜单允许用户从多个选项中进行选择，可以分为下拉菜单及外露下拉菜单。

下拉菜单：下拉菜单通常位于生成它的元素下方，如图 4-252 所示。

外露下拉菜单：外露下拉菜单在菜单上方会显示当前选定的菜单项，它们只能在一次选择单个菜单项时使用，如图 4-253 所示。

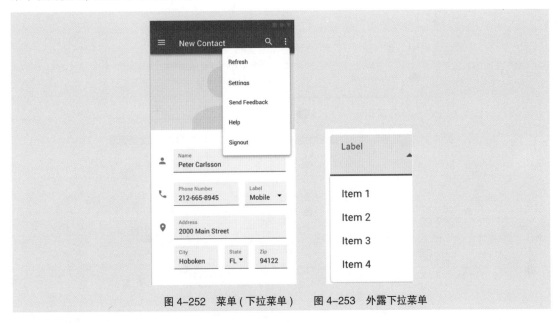

图 4-252　菜单（下拉菜单）　　图 4-253　外露下拉菜单

2.　组成

菜单主要由相关列表组成。

文字列表：由❶容器、❷文本及❸分频器组成，如图 4-254 所示。

文字和图标列表：由❶容器、❷前置图标、❸文本及❹分隔线组成，如图 4-255 所示。

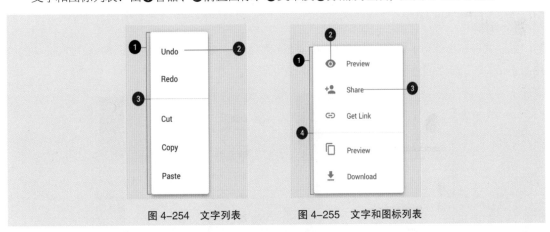

图 4-254　文字列表　　　　　图 4-255　文字和图标列表

文字、图标和键盘命令列表：由❶容器、❷前置图标、❸文本、❹分隔线、❺命令及❻级联菜单指示器组成，如图 4-256 所示。

带选择状态的文字列表：和其他列表不同的是多了❶选择状态，如图 4-257 所示。

3.　尺寸

菜单的设计尺寸如图 4-258 所示。

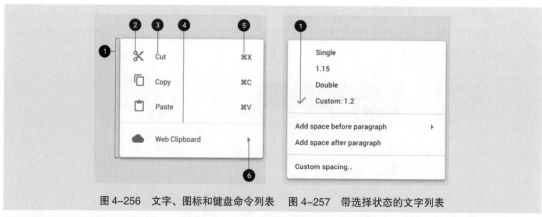

图 4-256 文字、图标和键盘命令列表　　图 4-257 带选择状态的文字列表

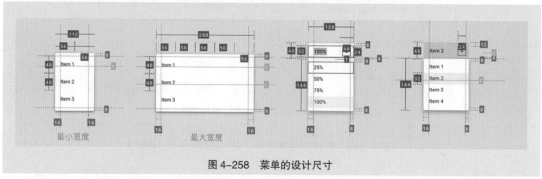

图 4-258 菜单的设计尺寸

4.2.19 抽屉式导航

抽屉式导航（Navigation Drawer）可以用来访问应用中的目标及功能，如切换账户，如图 4-259 所示。

1. 用法

抽屉式导航推荐用于具有 5 个或更多顶级目标的应用、具有 2 个或更多级别导航层次结构的应用及不相关的目标之间进行快速导航，如图 4-260 所示。

图 4-259 抽屉式导航 1　　　　　　图 4-260 抽屉式导航 2

常见的抽屉式导航有常规抽屉式导航、模态抽屉式导航及底部抽屉式导航3种类型。

常规抽屉式导航：常规抽屉式导航允许用户同时访问抽屉和应用内容，它们通常与App内容共存，普遍用于平板电脑，如图4-261所示。

模态抽屉式导航：模态抽屉式导航使用遮罩来阻止用户与应用内容的其余部分进行交互，它们高于大多数App元素，主要用于移动设备，如图4-262所示。

底部抽屉式导航：底部抽屉式导航可与底部应用栏一起使用，为了使底部应用栏的菜单图标提高可达性，它们从屏幕底部打开而不是从屏幕侧面，如图4-263所示。

图 4-261　常规抽屉式导航　　图 4-262　模态抽屉式导航　图 4-263　底部抽屉式导航

2. 组成

抽屉式导航由❶容器、❷标题（可选）、❸分隔线（可选）、❹选中状态、❺选中状态的文字、❻未激活文字、❼小标题及❽遮罩（不可交互）组成，如图4-264所示。

图 4-264　抽屉式导航的组成

3. 尺寸

抽屉式导航的设计尺寸如图4-265所示。

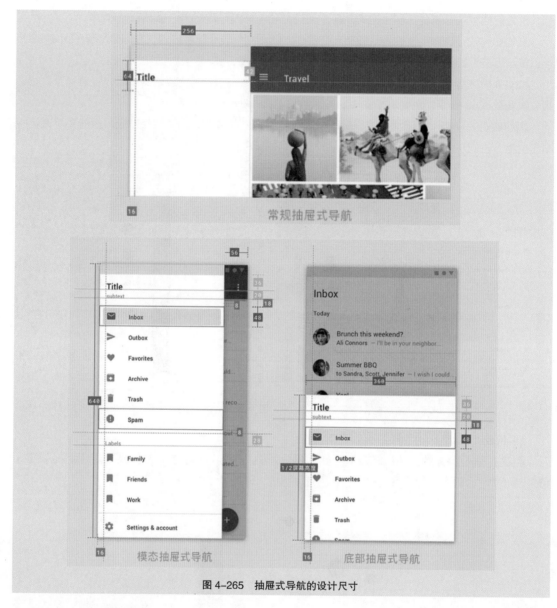

图 4-265　抽屉式导航的设计尺寸

4.2.20　状态指引

状态指引（Progress Indicators）表示未标明的等待时间或显示进程的长度，如图 4-266 所示。

图 4-266　状态指引

1. 用法

状态指引向用户通知正在进行的进程的状态，如加载应用程序、提交表单或保存更新。在视觉上，状态指引可以分为线性和圆形；在功能上，状态指引可以分为明确和非明确。

线性和圆形：Material Design 提供两种视觉上不同类型的状态指引，分别是线性状态指引和圆形状态指引，如图 4-267 所示。

明确和未明确：明确状态指引可以显示流程需要多长时间，未明确状态指引无法检测进度还需要多长时间，如图 4-268 所示。

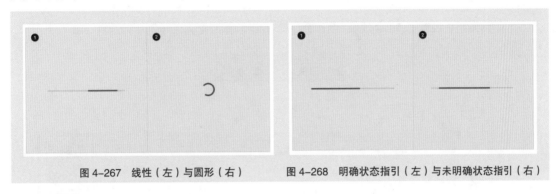

图 4-267　线性（左）与圆形（右）　　　图 4-268　明确状态指引（左）与未明确状态指引（右）

2. 组成

状态指引由❶轨迹及❷指示器组成，如图 4-269 所示。

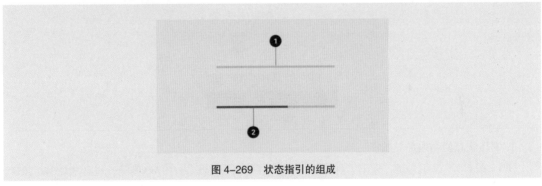

图 4-269　状态指引的组成

3. 尺寸

状态指引的设计尺寸如图 4-270 所示。

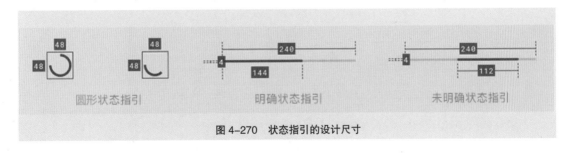

图 4-270　状态指引的设计尺寸

4.2.21 课堂案例——制作医疗类 App 医生筛选页

【案例学习目标】学习使用绘图工具、文字工具和使用图层样式添加特殊效果制作医疗类 App 医生筛选页。

【案例知识要点】使用"移动"工具移动素材，使用"矩形"工具、"圆角矩形"工具、"椭圆"工具和"直线"工具绘制基本形状，使用"横排文字"工具输入文字，效果如图 4-271 所示。

【效果所在位置】Ch04/ 效果 / 制作医疗类 App/ 制作医疗类 App 医生筛选页 .psd。

制作医疗类 App 医生筛选页

图 4-271

1. 制作状态栏和顶部导航栏

（1）按 Ctrl+N 组合键，弹出"新建文档"对话框，设置宽度为 1 080 像素，高度为 2 346 像素，分辨率为 72 像素 / 英寸，如图 4-272 所示，单击"创建"按钮，完成文档的新建。

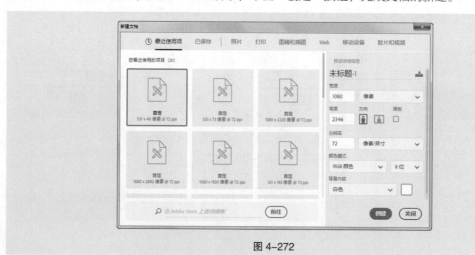

图 4-272

（2）选择"视图 > 新建参考线版面"命令，弹出"新建参考线版面"对话框，设置如图 4-273 所示。单击"确定"按钮，完成参考线的创建。

（3）选择"视图 > 新建参考线"命令，弹出"新建参考线"对话框，在 240 像素（距离上方形状 168 像素）的位置建立水平参考线，设置如图 4-274 所示。单击"确定"按钮，完成参考线的创建，效果如图 4-275 所示。

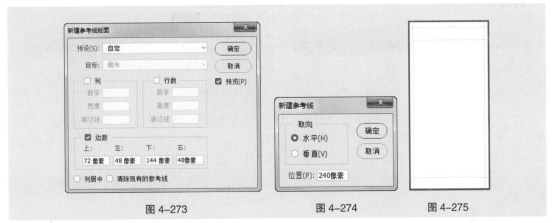

图 4-273   图 4-274   图 4-275

（4）在"制作医疗类 App 医生列表页"图像窗口中，选中"状态栏"图层组，按住 Shift 键的同时，单击"顶部导航栏"图层组，将需要的图层组同时选取。单击鼠标右键，在弹出的菜单中选择"复制图层"命令，在弹出的对话框中进行设置，如图 4-276 所示，单击"确定"按钮，效果如图 4-277 所示。

图 4-276   图 4-277

2. 制作内容区

（1）选择"视图 > 新建参考线"命令，弹出"新建参考线"对话框，在 384 像素（距离上方参考线 144 像素）的位置建立水平参考线，设置如图 4-278 所示。单击"确定"按钮，完成参考线的创建。

（2）选择"矩形"工具 □，在属性栏中的"选择工具模式"选项中选择"形状"，将"填充"颜色设为灰色（249、249、249），"描边"颜色设为无。在图像窗口中适当的位置绘制矩形，如图 4-279 所示，在"图层"控制面板中生成新的形状图层"矩形 4"。

（3）选择"横排文字"工具 T，在距离上方参考线 48 像素的位置输入需要的文字并选取文字。选择"窗口 > 字符"命令，弹出"字符"面板，将"颜色"设为黑色，其他选项的设置如图 4-280 所示，按 Enter 键确认操作，效果如图 4-281 所示，在"图层"控制面板中生成新的文字图层。

（4）按 Ctrl + O 组合键，打开云盘中的"Ch04 > 素材 > 制作医疗类 App 医生筛选页 > 01"文件，选择"移动"工具 ✛，将"搜索 1"图形拖曳到距离上方参考线 50 像素的位置，效果如图 4-282

所示，在"图层"控制面板中生成新的形状图层"定位1"。

图 4-278　　　　　图 4-279　　　　　图 4-280　　　　　图 4-281

（5）选择"横排文字"工具 **T.**，在距离上方图形 24 像素的位置输入需要的文字并选取文字。在"字符"面板中，将"颜色"设为绿色（0、102、95），其他选项的设置如图 4-283 所示，按 Enter 键确认操作，效果如图 4-284 所示，在"图层"控制面板中生成新的文字图层。

（6）用相同的方法分别拖曳需要的形状到适当的位置，并输入需要的文字，效果如图 4-285 所示。

图 4-282　　　　　图 4-283　　　　　图 4-284　　　　　图 4-285

（7）选择"直线"工具 **/.**，在属性栏中将"填充"颜色设为无，"描边"颜色设为灰色（158、158、158），"粗细"选项设为 3 像素。按住 Shift 键的同时，在图像窗口中适当的位置绘制直线，如图 4-286 所示，在"图层"控制面板中生成新的形状图层并将其命名为"形状 1"。

（8）按 Ctrl+J 组合键，复制"形状 1"图层，在"图层"控制面板中生成新的形状图层"形状 1 拷贝"。选择"移动"工具 **+.**，将其拖曳到适当的位置，如图 4-287 所示。按住 Shift 键的同时，单击"矩形 4"图层，将需要的图层同时选取，按 Ctrl+G 组合键，群组图层并将其命名为"按排序"。

图 4-286　　　　　　　　　　　图 4-287

（9）选择"视图 > 新建参考线"命令，弹出"新建参考线"对话框，在 596 像素（距离上方参考线 212 像素）和 740 像素（距离上方参考线 144 像素）的位置分别建立水平参考线，设置如图 4-288 和图 4-289 所示。单击"确定"按钮，完成参考线的创建，效果如图 4-290 所示。

图 4-288　　　　　　　图 4-289　　　　　　　　图 4-290

（10）选择"矩形"工具 □，在属性栏中的"选择工具模式"选项中选择"形状"，将"填充"颜色设为灰色（249、249、249），"描边"颜色设为无。在图像窗口中适当的位置绘制矩形，如图 4-291 所示，在"图层"控制面板中生成新的形状图层"矩形 5"。

（11）选择"横排文字"工具 T，在距离上方参考线 52 像素的位置输入需要的文字并选取文字。在"字符"面板中，将"颜色"设为黑色，其他选项的设置如图 4-292 所示，按 Enter 键确认操作，效果如图 4-293 所示，在"图层"控制面板中生成新的文字图层。

图 4-291　　　　　　　图 4-292　　　　　　　　图 4-293

（12）选择"横排文字"工具 T，在距离上方参考线 60 像素的位置输入需要的文字并选取文字。在"字符"面板中，将"颜色"设为黑色，其他选项的设置如图 4-294 所示，按 Enter 键确认操作，效果如图 4-295 所示，在"图层"控制面板中生成新的文字图层。

图 4-294　　　　　　　　　　　　图 4-295

（13）选择"椭圆"工具 ○，在属性栏中将"填充"颜色设为无，"描边"颜色设为绿色（0、179、98），"粗细"选项设为 8 像素。按住 Shift 键的同时，在距离上方参考线 52 像素的位置绘制圆形，效果如图 4-296 所示，在"图层"控制面板中生成新的形状图层"椭圆 2"。

（14）按 Ctrl+J 组合键，复制"椭圆 2"图层，在"图层"控制面板中生成新的形状图层并将其命名为"椭圆 3"。按 Ctrl+T 组合键，在图形周围出现变换框，按住 Alt+Shift 组合键的同时，拖曳右上角的控制手柄等比例缩小图片，按 Enter 键确认操作。在属性栏中将"填充"颜色设为绿色（0、179、98），"描边"颜色设为无，效果如图 4-297 所示。

（15）用步骤 12 所述方法再次输入文字，效果如图 4-298 所示。

图 4-296　　　　　　图 4-297　　　　　　图 4-298

（16）选择"椭圆"工具 ⬭，在属性栏中将"填充"颜色设为无，"描边"颜色设为灰色（158、158、158），"粗细"选项设为 8 像素。按住 Shift 键的同时，在距离上方参考线 52 像素的位置绘制圆形，效果如图 4-299 所示，在"图层"控制面板中生成新的形状图层"椭圆 4"。用相同的方法再次输入文字，效果如图 4-300 所示。

图 4-299　　　　　　　　　　图 4-300

（17）选择"直线"工具 ⟍，在属性栏中将"填充"颜色设为无，"描边"颜色设为灰色（229、229、229），"粗细"选项设为 3 像素。按住 Shift 键的同时，在距离上方文字 60 像素的位置绘制直线，如图 4-301 所示，在"图层"控制面板中生成新的形状图层"形状 2"。按住 Shift 键的同时，单击"矩形 5"图层，将需要的图层同时选取，按 Ctrl+G 组合键，群组图层并将其命名为"筛选条件"。

图 4-301

（18）选择"横排文字"工具 T，在距离上方形状 60 像素的位置输入需要的文字并选取文字。在"字符"面板中，将"颜色"设为黑色，其他选项的设置如图 4-302 所示，按 Enter 键确认操作。用相同的方法再次输入文字，效果如图 4-303 所示，在"图层"控制面板中分别生成新的文字图层。

图 4-302　　　　　　　　　　图 4-303

（19）选择"直线"工具 ⟍，在属性栏中将"填充"颜色设为无，"描边"颜色设为绿色（0、179、98），"粗细"选项设为 6 像素。按住 Shift 键的同时，在距离上方文字 106 像素的位置绘制直线，如图 4-304 所示，在"图层"控制面板中生成新的形状图层"形状 3"。

Photoshop CC 移动 UI 设计案例教程（全彩慕课版）

162

（20）使用步骤19所述方法，再次绘制一条直线，在"图层"控制面板中生成新的形状图层"形状4"。在属性栏中将"描边"颜色设为浅绿色（214、243、230），如图4-305所示。

（21）选择"矩形"工具 □，在图像窗口中适当的位置绘制矩形。在属性栏中将"填充"颜色设为绿色（0、179、98），"描边"颜色设为无，如图4-306所示，在"图层"控制面板中生成新的形状图层"矩形6"。

图 4-304   图 4-305   图 4-306

（22）在"01"图像窗口中，选择"移动"工具 ✛，选中"确认"图层，将其拖曳到距离上方形状112像素的位置，效果如图4-307所示，在"图层"控制面板中生成新的形状图层"确认"。

（23）选择"横排文字"工具 T，在距离上方形状60像素的位置输入需要的文字并选取文字。在"字符"面板中，将"颜色"设为黑色，其他选项的设置如图4-308所示，按Enter键确认操作，效果如图4-309所示，在"图层"控制面板中生成新的文字图层。

（24）按住Shift键的同时，单击"咨询费"图层，将需要的图层同时选取，按Ctrl+G组合键，群组图层并将其命名为"咨询费"。

图 4-307   图 4-308   图 4-309

（25）选择"直线"工具 ／，在属性栏中将"填充"颜色设为无，"描边"颜色设为灰色（229、229、229），"粗细"选项设为3像素。按住Shift键的同时，在距离上方文字60像素的位置绘制直线，如图4-310所示，在"图层"控制面板中生成新的形状图层"形状5"。按Ctrl+J组合键，复制图层，在"图层"控制面板中生成新的形状图层"形状5 拷贝"。选择"移动"工具 ✛，按住Shift键的同时，将其拖曳到适当的位置，如图4-311所示。

图 4-310   图 4-311

（26）选择"横排文字"工具 T，用步骤23所述方法在距离上方形状60像素的位置输入需要的文字，如图4-312所示。选择"圆角矩形"工具 □，在属性栏中将"填充"颜色设为灰色（210、210、210），"描边"颜色设为无，"半径"选项设为24像素，在适当的位置绘制圆角矩形，效果如图4-313所示，在"图层"控制面板中生成新的形状图层"圆角矩形1"。

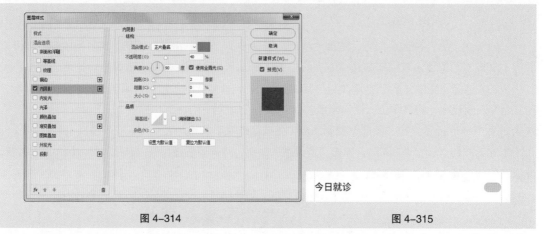

图 4-312　　　　　　　　　　图 4-313

（27）单击"图层"控制面板下方的"添加图层样式"按钮 fx，在弹出的菜单中选择"内阴影"命令，弹出对话框，将内阴影颜色设为灰色（138、138、138），其他选项的设置如图 4-314 所示，单击"确定"按钮，效果如图 4-315 所示。

图 4-314　　　　　　　　　　　　　　　　　图 4-315

（28）选择"椭圆"工具 ◯，按住 Shift 键的同时，在适当的位置绘制圆形。在属性栏中将"填充"颜色设为白色，"描边"颜色设为无，如图 4-316 所示，在"图层"控制面板中生成新的形状图层"椭圆 5"。单击"图层"控制面板下方的"添加图层样式"按钮 fx，在弹出的菜单中选择"投影"命令，弹出对话框，将投影颜色设为灰色（125、125、125），其他选项的设置如图 4-317 所示，单击"确定"按钮。使用相同的方法再次制作投影，效果如图 4-318 所示。

（29）按住 Shift 键的同时，单击"形状 7"图层，将需要的图层同时选取，按 Ctrl+G 组合键，群组图层并将其命名为"今日就诊"。

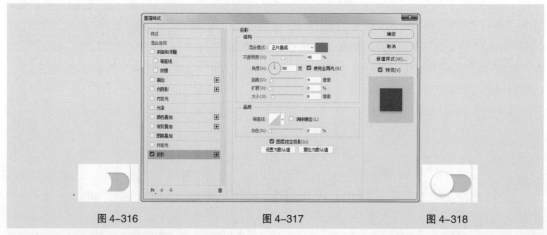

图 4-316　　　　　　　　　图 4-317　　　　　　　　图 4-318

（30）选择"横排文字"工具 T，用步骤 23 所述方法在距离上方形状 60 像素的位置输入需要的文字，如图 4-319 所示。选择需要的文字，在"字符"面板中将"颜色"设为灰色（125、125、125），填充文字，效果如图 4-320 所示。

| 问诊时间 | 星期五，2月16日 | | 问诊时间 | 星期五，2月16日 |

图 4-319 　　　　　　　　　　　图 4-320

（31）在"01"图像窗口中，选择"移动"工具 ⊕，选中"病例"图层，将其拖曳到图像窗口中适当的位置，效果如图 4-321 所示，在"图层"控制面板中生成新的形状图层"病例"。选择"直线"工具 ∕，用步骤 25 所述方法在距离形状 48 像素的位置绘制一条直线，效果如图 4-322 所示，在"图层"控制面板中生成新的形状图层"形状 6"。

（32）按住 Shift 键的同时，单击"问诊时间"图层，将需要的图层同时选取，按 Ctrl+G 组合键，群组图层并将其命名为"问诊时间"。

图 4-321　　　　　　　　　　　图 4-322

（33）选择"圆角矩形"工具 ▢，在属性栏中将"填充"颜色设为灰色（216、216、216），"描边"颜色设为无，"半径"选项设为 6 像素。在距离上方形状 46 像素的位置绘制圆角矩形，在"图层"控制面板中生成新的形状图层"圆角矩形 2"。在控制面板上方，将该图层的"不透明度"选项设为 12%，按 Enter 键确认操作，效果如图 4-323 所示。

（34）选择"横排文字"工具 Ｔ，在适当的位置输入需要的文字并选取文字。在"字符"面板中，将"颜色"设为黑色，其他选项的设置如图 4-324 所示，按 Enter 键确认操作。用相同的方法再次输入文字，效果如图 4-325 所示，在"图层"控制面板中分别生成新的文字图层。

图 4-323　　　　　　图 4-324　　　　　图 4-325

（35）用相同的方法输入其他文字，效果如图 4-326 所示。选中"15"图层，选择"圆角矩形"工具 ▢，在属性栏中将"填充"颜色设为绿色（8、231、165），"描边"颜色设为无，"半径"选项设为 6 像素。在距离上方形状 46 像素的位置绘制圆角矩形，在"图层"控制面板中生成新的形状图层"圆角矩形 3"，效果如图 4-327 所示。

图 4-326　　　　　　　　　　　图 4-327

（36）选择"直线"工具 ∕，用步骤 25 所述方法在距离形状 48 像素的位置绘制一条直线，在

"图层"控制面板中生成新的形状图层"形状7",效果如图4-328所示。

（37）按住 Shift 键的同时，单击"圆角矩形2"图层，将需要的图层同时选取，按 Ctrl+G 组合键，群组图层并将其命名为"日历"。按住 Shift 键的同时，单击"按排序"图层组，将需要的图层组同时选取，按 Ctrl+G 组合键，群组图层组并将其命名为"内容区"。

图 4-328

3. 制作底部提示栏和底部导航栏

（1）选择"视图 > 新建参考线"命令，弹出"新建参考线"对话框，在 2 060 像素（距离上方形状 96 像素）的位置建立水平参考线，设置如图4-329所示。单击"确定"按钮，完成参考线的创建，效果如图 4-330 所示。

（2）选择"矩形"工具 ▢，在属性栏中将"填充"颜色设为青色（48、215、215），"描边"颜色设为无。在图像窗口中适当的位置绘制矩形，如图4-331所示，在"图层"控制面板中生成新的形状图层"矩形7"。

图 4-329　　　　　　图 4-330　　　　　　图 4-331

（3）选择"横排文字"工具 T.，在适当的位置输入需要的文字并选取文字。在"字符"面板中，将"颜色"设为灰色（45、45、45），其他选项的设置如图4-332所示，按 Enter 键确认操作，效果如图 4-333 所示，在"图层"控制面板中生成新的文字图层。

（4）按住 Shift 键的同时，单击"矩形7"图层，将需要的图层同时选取，按 Ctrl+G 组合键，群组图层并将其命名为"底部提示栏"。

（5）在"制作医疗类 App 医生列表页"图像窗口中，选中"底部导航栏"图层组，将其拖曳到图像窗口中适当的位置，效果如图 4-334 所示。

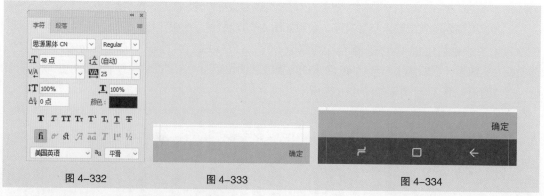

图 4-332　　　　　　图 4-333　　　　　　图 4-334

（6）按 Ctrl+S 组合键，弹出"存储为"对话框，将其命名为"制作医疗类 App 医生列表页"，保存为 psd 格式。单击"保存"按钮，弹出"Photoshop 格式选项"对话框，单击"确定"按钮，将文件保存。医疗类 App 医生筛选页制作完成。

4.2.22　选择控件

选择控件（Selection Controls）允许用户选择选项，如图 4-335 所示。

1. 用法

选择控件有单选按钮、复选框及开关 3 种类型，如图 4-336 所示。

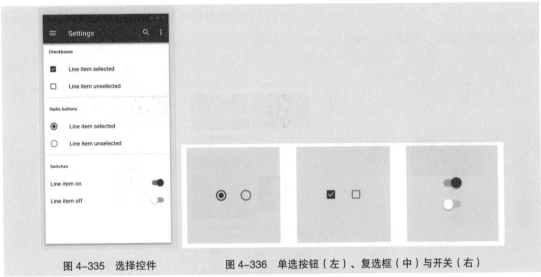

图 4-335　选择控件　　　　图 4-336　单选按钮（左）、复选框（中）与开关（右）

单选按钮：允许用户从一组中选择一个选项。当用户需要查看所有可用选项时，请使用单选按钮。如果可以折叠可用选项，请考虑使用下拉菜单，因为它占用的空间更少，如图 4-337 所示。

复选框：允许用户从列表中选择一个或多个项目，可用于打开或关闭选项，如图 4-338 所示。

开关：使用开关可打开或关闭单个选项及立即激活或停用某些内容，如图 4-339 所示。

图 4-337　单选按钮　　　　图 4-338　复选框　　　　图 4-339　开关

2. 尺寸

选择控件的设计尺寸如图 4-340 所示。

图 4-340　单选按钮（左）、复选框（中）与开关（右）

4.2.23 底部面板

底部面板（Sheets: Bottom）是包含附加内容的表面，这些内容固定在屏幕的底部，如图4-341所示。

1. 用法

底部面板有标准底部面板、模态底部面板及扩展底部面板3种类型。

标准底部面板：显示补充屏幕的主要内容，当用户与主要内容交互时，它们仍然可见，如图4-342所示。

模态底部面板：是移动设备上的内联菜单或简单对话框的替代方案，可为其他项目、更长的描述和图标提供空间。要与屏幕其余部分进行交互必须先关闭它们，如图4-343所示。

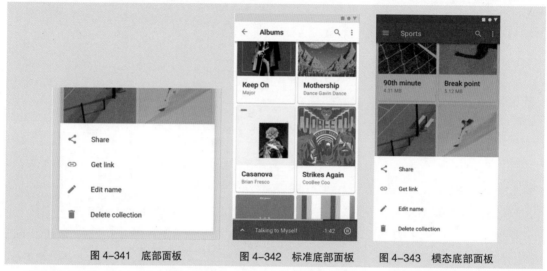

图 4-341　底部面板　　　　图 4-342　标准底部面板　　　　图 4-343　模态底部面板

扩展底部面板：提供一个小的折叠表面，用户可以展开它来访问关键功能或任务。它们提供了标准面板的持久访问，其中包含模态面板的空间和焦点，如图4-344所示。

2. 组成

底部面板由❶面板、❷内容及❸遮罩（仅限模态）组成，如图4-345所示。

图 4-344　扩展底部面板　　　　图 4-345　底部面板的组成

3. 尺寸

底部面板的设计尺寸如图 4-346 所示。

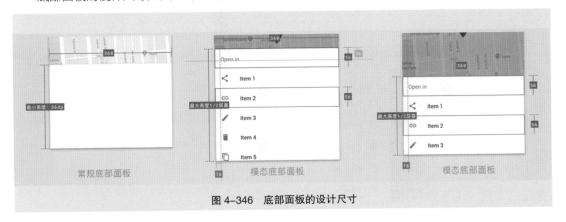

图 4-346　底部面板的设计尺寸

4.2.24　侧面板

侧面板（Sheets：Side）是包含附加内容的表面，这些内容固定在屏幕的左边缘或右边缘，如图 4-347 所示。

1. 用法

侧面板有标准侧面板及模态侧面板两种类型，其中标准侧面板主要用于桌面端，因此重点介绍模态侧面板。

模态侧面板：由于屏幕空间有限，因此在移动设备上使用模态侧面板，如图 4-348 所示。

图 4-347　侧面板　　　图 4-348　标准侧面板（左）与模态侧面板（右）

2. 组成

侧面板由❶面板、❷内容及❸遮罩（仅限模态）组成，如图 4-349 所示。

3. 尺寸

模态侧面板的设计尺寸如图 4-350 所示。

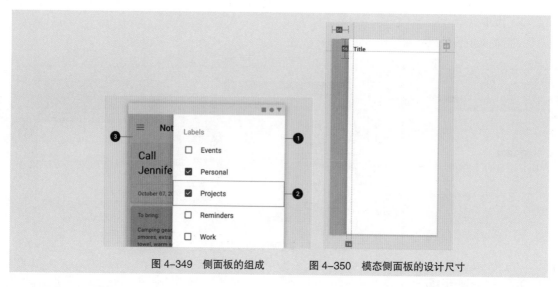

图 4-349　侧面板的组成　　　　图 4-350　模态侧面板的设计尺寸

4.2.25　滑块

滑块（Sliders）允许用户从一系列值中进行选择，如图 4-351 所示。

1. 用法

滑块非常适合于调整音量、亮度或设置应用图像中的滤镜等，可以在条形图的两端带有反映一系列值的图标，如图 4-352 所示。

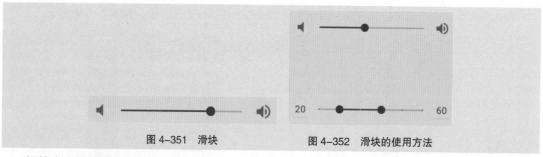

图 4-351　滑块　　　　图 4-352　滑块的使用方法

滑块有连续滑块和离散滑块两种类型。

连续滑块：连续滑块允许用户选择主观范围内的值，如图 4-353 所示。

离散滑块：可以通过参考指示器的值将离散滑块调整为特定值，如图 4-354 所示。

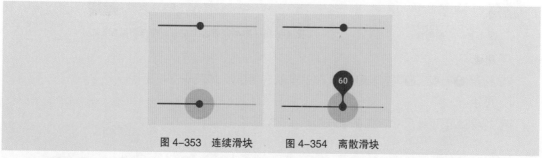

图 4-353　连续滑块　　　　图 4-354　离散滑块

2. 组成

滑块由❶轨道、❷拇指部分、❸标签值（可选）及❹刻度线组成，如图 4-355 所示。

3. 尺寸

滑块的设计尺寸如图 4-356 所示。

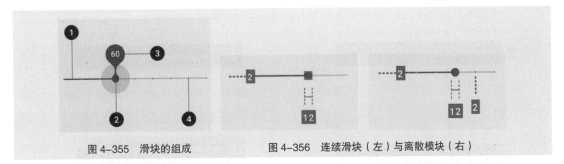

图 4-355　滑块的组成　　　　图 4-356　连续滑块（左）与离散模块（右）

4.2.26　底部提示栏

底部提示栏（Snackbars）用于在屏幕底部提供有关应用程序进程的简短消息，如图 4-357 所示。

图 4-357　底部提示栏

1. 用法

底部提示栏用于通知用户应用程序已经执行或将要执行的进程。它们暂时出现在屏幕底部，并且一次只能显示一个。因为底部提示栏会自动消失，所以不需要用户关闭或取消。

2. 组成

底部提示栏由❶文字标签、❷容器及❸动作（可选）组成，如图 4-358 所示。

图 4-358　底部提示栏的组成

3. 尺寸

底部提示栏的设计尺寸如图 4-359 所示。

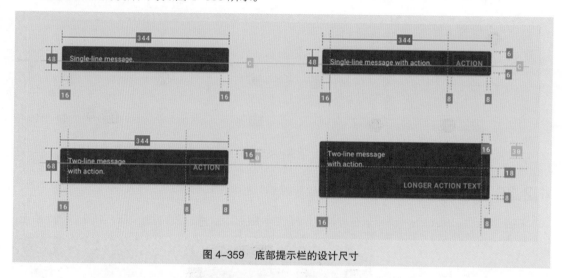

图 4-359　底部提示栏的设计尺寸

4.2.27　课堂案例——制作医疗类 App 预约页

　　【案例学习目标】学习使用绘图工具、文字工具、"创建剪贴蒙版"命令和使用图层样式添加特殊效果制作医疗类 App 预约页。

　　【案例知识要点】使用"移动"工具移动素材，使用"置入"命令置入图片，使用"剪贴蒙版"命令调整图片显示区域，使用"矩形"工具、"圆角矩形"工具、"椭圆"工具和"直线"工具绘制基本形状，使用"横排文字"工具输入文字，效果如图 4-360 所示。

　　【效果所在位置】Ch04/ 效果 / 制作医疗类 App/ 制作医疗类 App 预约页 .psd。

制作医疗类
App 预约页

图 4-360

1. 制作状态栏、顶部导航栏和选项卡

（1）按 Ctrl+N 组合键，弹出"新建文档"对话框，设置宽度为 1 080 像素，高度为 2 220 像素，分辨率为 72 像素 / 英寸，如图 4-361 所示，单击"创建"按钮，完成文档的新建。

图 4-361

（2）选择"视图 > 新建参考线版面"命令，弹出"新建参考线版面"对话框，设置如图 4-362 所示。单击"确定"按钮，完成参考线的创建。

（3）选择"视图 > 新建参考线"命令，弹出"新建参考线"对话框，在 240 像素（距离上方形状 168 像素）的位置建立水平参考线，设置如图 4-363 所示。单击"确定"按钮，完成参考线的创建，效果如图 4-364 所示。

图 4-362　　　　　　　　　　　　图 4-363　　　　　　　图 4-364

（4）在"制作医疗类 App 医生列表页"图像窗口中，选中"状态栏"图层组，按住 Shift 键的同时，单击"顶部导航栏"图层组，将需要的图层组同时选取。单击鼠标右键，在弹出的菜单中选择"复制图层"命令，在弹出的对话框中进行设置，如图 4-365 所示，单击"确定"按钮，效果如图 4-366 所示。

（5）打开"顶部导航栏"图层组，选中"所有医生"图层。选择"横排文字"工具 **T.**，修改文字为"预约"，效果如图 4-367 所示，并折叠图层组。

图 4-365　　　　　　　　　　　　图 4-366　　　　　　　　　　　　图 4-367

（6）选择"视图 > 新建参考线"命令，弹出"新建参考线"对话框，设置如图 4-368 所示。单击"确定"按钮，完成参考线的创建。

（7）选择"矩形"工具 □，在属性栏中的"选择工具模式"选项中选择"形状"，将"填充"颜色设为浅绿色（224、243、244），"描边"颜色设为无。在图像窗口中适当的位置绘制矩形，如图 4-369 所示，在"图层"控制面板中生成新的形状图层"矩形 4"。

图 4-368　　　　　　　　　　　　图 4-369

（8）选择"横排文字"工具 T，在距离上方参考线 48 像素的位置输入需要的文字并选取文字。选择"窗口 > 字符"命令，弹出"字符"面板，将"颜色"设为绿色（0、163、163），其他选项的设置如图 4-370 所示，按 Enter 键确认操作，效果如图 4-371 所示。用相同的方法再次输入文字，效果如图 4-372 所示，在"图层"控制面板中分别生成新的文字图层。

图 4-370　　　　　　　　　　　　图 4-371　　　　　　　　　　　　图 4-372

（9）选择"直线"工具 ⁄，在属性栏中将"填充"颜色设为无，"描边"颜色设为灰色（0、163、163），"粗细"选项设为 3 像素。按住 Shift 键的同时，在适当的位置绘制直线，如图 4-373 所示，在"图层"控制面板中生成新的形状图层"形状 1"。

（10）按住 Shift 键的同时，单击"矩形 4"图层，将需要的图层同时选取，按 Ctrl+G 组合键，群组图层并将其命名为"选项卡"，如图 4-374 所示。

2. 制作内容区

（1）选择"视图 > 新建参考线版面"命令，弹出"新建参考线版面"对话框，设置如图 4-375 所示。单击"确定"按钮，完成参考线的创建。

图 4-373 图 4-374

（2）选择"视图 > 新建参考线"命令，弹出"新建参考线"对话框，在 1 010 像素（距离上方参考线 578 像素）的位置建立水平参考线，设置如图 4-376 所示。单击"确定"按钮，完成参考线的创建。

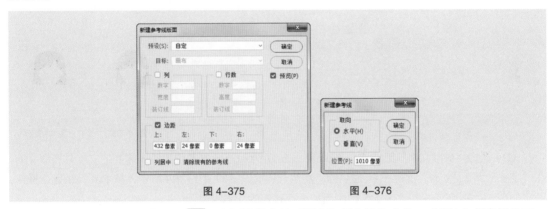

图 4-375 图 4-376

（3）选择"圆角矩形"工具 ▢ ，在属性栏中将"填充"颜色设为白色，"描边"颜色设为无，"半径"选项设为 12 像素。在适当的位置绘制圆角矩形，在"图层"控制面板中生成新的形状图层"圆角矩形 1"。

（4）按 Ctrl+J 组合键，复制图层，在"图层"控制面板中生成新的形状图层"圆角矩形 1 拷贝"。在属性栏中将"填充"颜色设为灰色（220、220、220），填充图形。选择"移动"工具 ✛ ，将其拖曳到适当的位置，效果如图 4-377 所示。在"属性"面板中单击"蒙版"按钮，设置如图 4-378 所示，按 Enter 键确认操作，效果如图 4-379 所示。

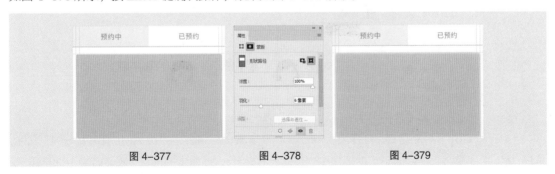

图 4-377 图 4-378 图 4-379

（5）在"图层"控制面板中，将"圆角矩形 2 拷贝"图层拖曳到"圆角矩形 2"图层的下方，效果如图 4-380 所示。

（6）选择"椭圆"工具 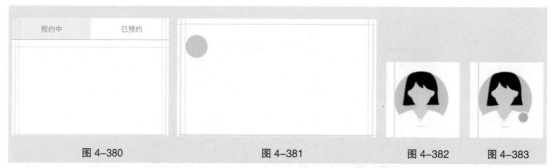，按住 Shift 键的同时，在距离上方参考线 56 像素的位置绘制圆形。在属性栏中将"填充"颜色设为深青色（191、213、213），"描边"颜色设为无，如图 4-381 所示，在"图层"控制面板中生成新的形状图层"椭圆 2"。

（7）选择"文件 > 置入嵌入的对象"命令，弹出"置入嵌入的对象"对话框，选择云盘中的"Ch04 > 素材 > 制作医疗类 App 医生预约页 > 02"文件，单击"置入"按钮，将图片置入到图像窗口中，拖曳到适当的位置并调整其大小，按 Enter 键确认操作，在"图层"控制面板中生成新的图层并将其命名为"头像 1"。按 Alt+Ctrl+G 组合键，为"头像 1"图层创建剪贴蒙版，效果如图 4-382 所示。

（8）选择"椭圆"工具 ，在属性栏中将"填充"颜色设为绿色（86、231、165），"描边"颜色设为白色，"粗细"选项设为 3 像素。按住 Shift 键的同时，在适当的位置绘制圆形，如图 4-383 所示，在"图层"控制面板中生成新的形状图层"椭圆 2"。

图 4-380　　　　　图 4-381　　　　　图 4-382　　　图 4-383

（9）选择"横排文字"工具 T.，在距离上方参考线 60 像素的位置输入需要的文字并选取文字，在"字符"面板中，将"颜色"设为黑色，其他选项的设置如图 4-384 所示，按 Enter 键确认操作，效果如图 4-385 所示，在"图层"控制面板中生成新的文字图层。

（10）用相同的方法，在距离文字 28 像素的位置输入需要的灰色（104、104、104）文字，效果如图 4-386 所示。

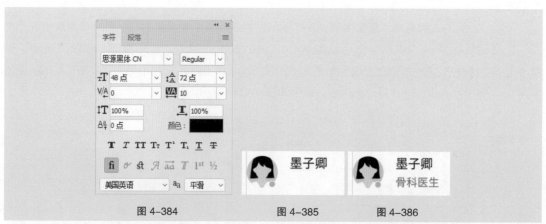

图 4-384　　　　　图 4-385　　　　图 4-386

（11）按 Ctrl + O 组合键，打开云盘中的"Ch04 > 素材 > 制作医疗类 App 预约页 > 01"文件，选择"移动"工具 ，将"喜欢"图形拖曳到距离上方参考线 34 像素的位置，效果如图 4-387 所示，在"图层"控制面板中生成新的形状图层"喜欢"。用相同的方法分别拖曳需要的图形到适当的位置，效果如图 4-388 所示。

图 4-387　　　　　　　　　　　图 4-388

（12）选择"直线"工具 ✎，在属性栏中将"粗细"选项设为3像素。按住 Shift 键的同时，在距离上方图形30像素的位置绘制直线，在属性栏中将"填充"颜色设为灰色（210、210、210），"描边"颜色设为无，如图 4-389 所示，在"图层"控制面板中生成新的形状图层"形状1"。

图 4-389

（13）选择"横排文字"工具 T，在距离上方形状54像素的位置分别输入需要的文字并选取文字，在"字符"面板中，将"颜色"设为灰色（102、102、102），其他选项的设置如图 4-390 所示，按 Enter 键确认操作，效果如图 4-391 所示，在"图层"控制面板中分别生成新的文字图层。

图 4-390　　　　　　　　　　　图 4-391

（14）用相同的方法，在距离文字18像素的位置分别输入需要的文字，在"字符"面板中，将"颜色"设为黑色，其他选项的设置如图 4-392 所示，按 Enter 键确认操作，效果如图 4-393 所示，在"图层"控制面板中分别生成新的文字图层。

图 4-392　　　　　　　　　　　图 4-393

（15）按住 Shift 键的同时，单击"圆角矩形1"图层，将需要的图层同时选取，按 Ctrl+G 组合键，群组图层并将其命名为"墨子卿"，如图 4-394 所示。

（16）选择"视图 > 新建参考线"命令，弹出"新建参考线"对话框，在 1 038 像素（距离上方参考线 28 像素）的位置建立水平参考线，设置如图 4-395 所示。单击"确定"按钮，完成参考线的创建。

（17）用相同的方法创建其他参考线，并制作"刘锡诚"和"易鲲鹏"图层组。按住 Shift 键的同时，单击"墨子卿"图层组，将需要的图层组同时选取，按 Ctrl+G 组合键，群组图层并将其命名为"内容区"，如图 4-396 所示，效果如图 4-397 所示。

图 4-394   图 4-395   图 4-396   图 4-397

3. 制作底部应用栏和底部导航栏

（1）在"制作医疗类 App 医生列表"图像窗口中，选中"底部导航栏"图层组，按住 Shift 键的同时，单击"底部应用栏"图层组，将需要的图层组同时选取。单击鼠标右键，在弹出的菜单中选择"复制图层"命令，在弹出的对话框中进行设置，如图 4-398 所示，单击"确定"按钮，效果如图 4-399 所示。

（2）打开"底部应用栏"图层组，选择"消息"和"病例"图层，按 Delete 键删除图层。在"01"图像窗口中，选择"移动"工具 ✛，选中"消息"和"病例"图层，将其拖曳到适当的位置，在"图层"控制面板中生成新的形状图层"消息"和"病例"，效果如图 4-400 所示。

图 4-398   图 4-399   图 4-400

（3）按 Ctrl+S 组合键，弹出"存储为"对话框，将其命名为"制作医疗类 App 预约页"，保存为 psd 格式。单击"保存"按钮，弹出"Photoshop 格式选项"对话框，单击"确定"按钮，将文件保存。医疗类 App 医生预约页制作完成。

4.2.28 选项卡

选项卡（Tabs）允许在相关且处于相同层次结构的内容组之间进行导航，如图 4-401 所示。

1. 用法

选项卡分为固定选项卡和滚动选项卡两种类型。

固定选项卡：固定选项卡会在屏幕上显示所有标签，每个标签的宽度固定如图 4-402 所示。

滚动选项卡：滚动选项卡是可滚动的，没有固定宽度，一些选项卡将保持在屏幕外直到滚动至屏幕内，如图 4-403 所示。

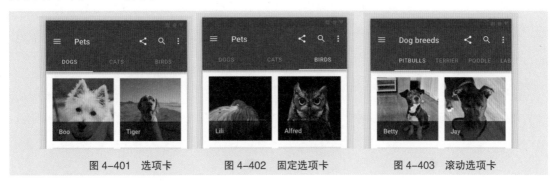

图 4-401　选项卡　　　　　图 4-402　固定选项卡　　　　　图 4-403　滚动选项卡

2．组成

选项卡由❶容器、❷选中图标（如果有文字，则为可选）、❸选中文本标签、❹选项卡指示器、❺未选中图标、❻未选中文本标签及❼选项卡项组成，如图 4-404 所示。

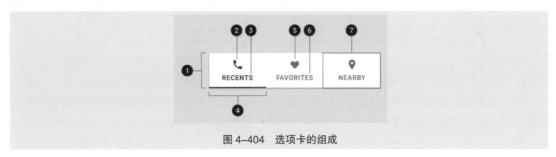

图 4-404　选项卡的组成

3．尺寸

选项卡的设计尺寸如图 4-405 所示。

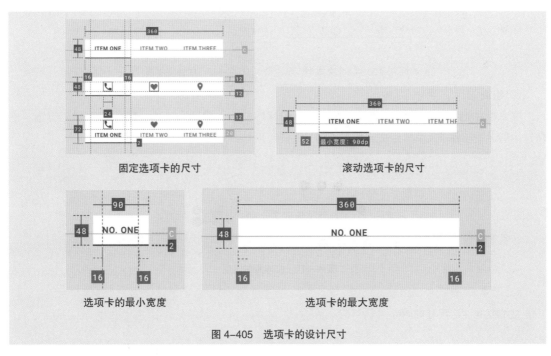

固定选项卡的尺寸　　　　　　　　　　滚动选项卡的尺寸

选项卡的最小宽度　　　　　　　　　　选项卡的最大宽度

图 4-405　选项卡的设计尺寸

4.2.29　文本框

文本框（Text Fields）允许用户输入和编辑文本，如图 4-406 所示。

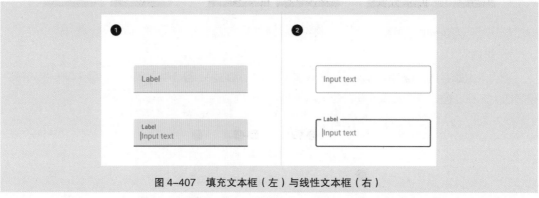

图 4-406　文本框

1. 用法

文本框通常用于表单和对话框中，分为填充文本框和线性文本框两种类型，如图 4-407 所示。

图 4-407　填充文本框（左）与线性文本框（右）

填充文本框：填充文本框在视觉上有更强的冲击力，可以在被其他内容和组件包围时起到突出和强调的作用，如图 4-408 所示。

线性文本框：线性文本框在视觉上的冲击力不是很强，当它们出现在表单之类的地方时，许多文本字段放在一起，其弱化有助于简化布局，如图 4-409 所示。

图 4-408　填充文本框　　　　图 4-409　线性文本框

2. 组成

文本框由❶容器、❷前置图标（可选）、❸标签文本、❹输入文本、❺后缀图标（可选）、❻选中指示器和❼辅助文本组成，如图 4-410 所示。

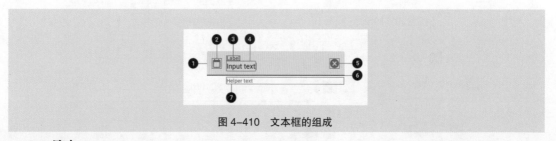

图 4-410　文本框的组成

3. 尺寸

文本框的设计尺寸如图 4-411 所示。

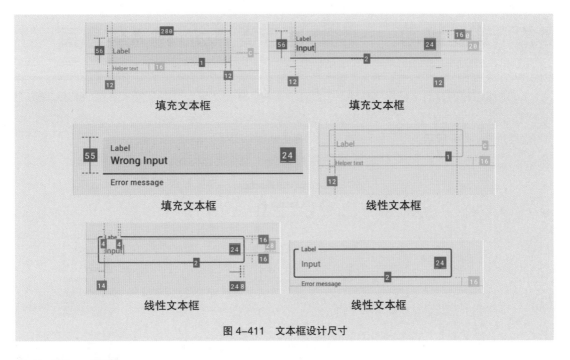

填充文本框　　　　　　　　　填充文本框

填充文本框　　　　　　　　　线性文本框

线性文本框　　　　　　　　　线性文本框

图 4-411　文本框设计尺寸

4.2.30　提示

提示（Tooltips）即当用户点按元素时，工具提示会显示信息性文本，如图 4-412 所示。

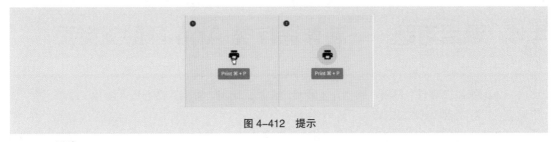

图 4-412　提示

1. 用法

提示会显示标识元素的文本标签，如其功能描述，如图 4-413 所示。

2. 尺寸

提示的设计尺寸如图 4-414 所示。

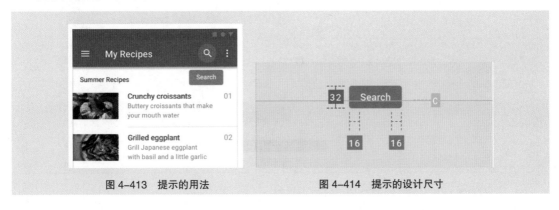

图 4-413　提示的用法　　　　　　图 4-414　提示的设计尺寸

4.3 课堂练习——制作医疗类 App 输入信息页

【练习知识要点】使用"移动"工具移动素材，使用"置入"命令置入图片，使用"矩形"工具、"圆角矩形"工具和"钢笔"工具绘制基本形状，使用"横排文字"工具输入文字，效果如图 4-415 所示。

【效果所在位置】Ch04/ 效果 / 制作医疗类 App/ 制作医疗类 App 输入信息页 .psd。

制作医疗类
App 输入
信息页

图 4-415

4.4 课后习题——制作医疗类 App 帮助支持页

【习题知识要点】使用"移动"工具移动素材，使用"置入"命令置入图片，使用"剪贴蒙版"命令调整图片显示区域，使用"矩形"工具、"圆角矩形"工具、"椭圆"工具和"直线"工具绘制基本形状，使用"横排文字"工具输入文字，效果如图 4-416 所示。

【效果所在位置】Ch04/ 效果 / 制作医疗类 App/ 制作医疗类 App 帮助支持页 .psd。

制作医疗类
App 帮助
支持页

图 4-416

第 5 章

05

App 界面设计实战

▶ **本章介绍**

　　App 界面设计是产品用户体验里非常重要的一环。本章对 App 界面设计中的闪屏页、引导页、首页、个人中心页、详情页及注册登录页进行了系统的讲解与演练。通过本章的学习，读者可以对 App 界面设计有一个比较深入的认识，并快速掌握绘制 App 界面的规范和方法。

学习目标

● 掌握 App 闪屏页

● 掌握 App 引导页

● 掌握 App 首页

● 掌握 App 个人中心页

● 掌握 App 详情页

● 掌握 App 注册登录页

慕课视频

技能目标

● 掌握美食类 App 闪屏页的绘制方法

● 掌握美食类 App 登录页的绘制方法

● 掌握美食类 App 首页的绘制方法

● 掌握美食类 App 搜索页的绘制方法

● 掌握美食类 App 食品详情页的绘制方法

● 掌握美食类 App 购物车页的绘制方法

5.1 闪屏页

闪屏页又称为"启动页"，是用户单击 App 应用图标后，预先加载的一张图片。闪屏页承载了用户对 App 的第一印象，是情感化设计的重要组成部分，可以细分为品牌推广型闪屏页、活动广告型闪屏页和节日关怀型闪屏页。

5.1.1 品牌推广型闪屏页

品牌推广型闪屏页是为表现产品品牌而设定的，基本采用"产品 logo+ 产品名称 + 产品"的简洁化设计形式，如图 5-1 所示。

图 5-1　1 号店 App（左）、闲鱼 App（中）与蚂蚁财富 App（右）的品牌推广型闪屏页

5.1.2 活动广告型

活动广告型闪屏页是为推广活动或广告而设定的，通常将推广的内容直接设计在闪屏页内，多采用插画及暖色的设计形式，用以营造热闹的氛围，如图 5-2 和图 5-3 所示。

图 5-2　百度网盘 App（左）、百度浏览器 App（中）与知乎 App（右）的活动广告型闪屏页

图 5-3　双 11（左）、国庆（中）与双 12（右）的活动广告型闪屏页

5.1.3　节日关怀型

　　节日关怀型闪屏页是为营造节假日氛围同时凸显产品品牌而设定的，多采用"产品 logo+ 内容插画"的设计形式，使用户感受到节日的关怀与祝福，如图 5-4 和图 5-5 所示。

图 5-4　闲鱼 App（左）、美图秀秀 App（中）与口袋兼职 App（右）的节日关怀型闪屏页

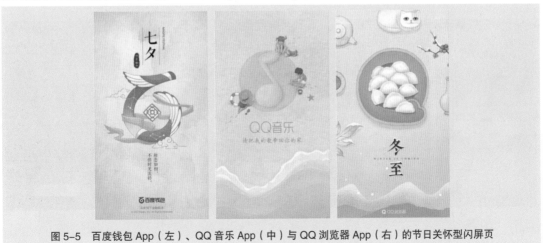

图 5-5　百度钱包 App（左）、QQ 音乐 App（中）与 QQ 浏览器 App（右）的节日关怀型闪屏页

5.2 引导页

引导页是用户在第一次或经过更新后打开 App 看到的一组图片，通常由 3 ～ 5 页组成。引导页起到了在用户使用 App 之前，提前帮助用户快速了解 App 的主要功能和特点的作用，可以细分为功能说明型、产品推广型和搞笑卖萌型。

5.2.1 功能说明型

功能说明型引导页是引导页中最基础的，主要对产品的新功能进行展示，常用于 App 重大版本的更新中，多采用插图的设计形式，达到短时间内吸引用户的效果，如图 5-6 所示。

图 5-6 高德地图 App 的功能说明型引导页

5.2.2 产品推广型

产品推广型引导页用于表达 App 的价值，让用户更了解这款 App 的情怀，多采用与企业形象和产品风格一致的生动化、形象化的设计形式，让用户感到画面的精美，如图 5-7 所示。

图 5-7 京东商城 App 的产品推广型引导页

5.2.3 搞笑卖萌型

　　搞笑卖萌型引导页是引导页中难度较高的，主要站在用户的角度介绍 App 的特点，多采用拟人的夸张设计形象及丰富的交互动画，让用户身临其境，如图 5-8 所示。

图 5-8　搞笑卖萌型引导页（图片来源为花瓣网）

5.3　首页

　　首页又称为"起始页"，是用户使用 App 的第一页。首页承担着流量分发的作用，是展现产品气质的关键页面，可以细分为列表型、网格型、卡片型和综合型。

首页

5.3.1 列表型

　　列表型首页是在页面上将同级别的模块进行分类展示，常用于表现数据展示、文字阅读等方面，多采用单一的设计形式，方便用户浏览，如图 5-9 所示。

图 5-9　由英国设计师 George Gliddon 创作（左）、今日头条 App（中）与由俄罗斯设计师 Alexander Zaytsev 创作（右）

5.3.2 网格型

网格型首页是在页面上将重要的功能以矩形模块的形式进行展示，常用于表现工具类图标的展示等方面，多采用统一矩形模块的设计形式，以刺激用户去点击，如图 5-10 所示。

图 5-10　天天 P 图 App（左）、Word App（中）与墨刀 App（右）

5.3.3 卡片型

卡片型首页是在页面上将图片、文字、控件放置于同一张卡片中，再将卡片进行分类展示，常用于表现数据展示、文字阅读、工具使用等方面，多采用统一的卡片设计形式，不仅让用户一目了然，更刺激了用户去点击，如图 5-11 所示。

图 5-11　由 SaturnCube 团队创作（左）、微信读书 App（中）与翻译大全 App（右）

5.3.4 综合型

综合型首页是由搜索栏、Banner、金刚区、瓷片区及标签栏等组成的页面，运用范围较广，常用于电商类、教育类、旅游类等方面，多采用丰富的设计形式，以满足用户的需求，如图5-12所示。

图5-12　1号店App（左）、途牛旅游App（中）与翻译大全App（右）

5.4　个人中心页

个人中心页是展示个人信息的页面，主要由头像和信息内容组成。个人中心页有时也会以抽屉打开的形式出现，如图5-13所示。

图5-13　淘宝App（左）、闲鱼App（中）与滴滴出行App（右）个人中心页

5.5 详情页

详情页是展示 App 产品详细信息，用于用户产生消费的页面。页面内容较丰富，以图文信息为主，如图 5-14 所示。

图 5-14　京东商城 App（左）、途牛 App（中）与 36Kr App（右）详情页

5.6 注册登录页

注册登录页是电商类、社交类等功能丰富型 App 的必要页面，其页面设计直观、简洁，并且提供第三方账号登录，如图 5-15 所示。国内常见的第三方账号有微博、微信、QQ 等，国外常见的第三方账号有 Facebook、Twitter、Google 等。

图 5-15　Done App（左）、智联招聘 App（中）与 36Kr App（右）注册登录页

5.7 课堂案例——制作美食到家 App

【案例学习目标】学习使用不同的绘制工具绘制图形，使用图层样式添加特殊效果制作 App 界面。

【案例知识要点】使用"移动"工具移动素材，使用"椭圆"工具和"圆角矩形"工具绘制图形，使用"投影"和"渐变叠加"命令为图形添加效果，使用"置入"命令置入图片，使用"剪贴蒙版"命令调整图片显示区域，使用"横排文字"工具输入文字，效果如图 5-16 所示。

【效果所在位置】Ch05/ 效果 / 制作美食到家 App。

图 5-16

1. 制作美食到家 App 闪屏页

（1）按 Ctrl+N 组合键，弹出"新建文档"对话框，设置宽度为 750 像素，高度为 1 334 像素，分辨率为 72 像素 / 英寸，如图 5-17 所示，单击"创建"按钮，完成文档的新建。

制作美食到家
App 闪屏页

（2）单击"图层"控制面板下方的"创建新图层"按钮 🔲，在"图层"控制面板中生成新的图层"图层 1"。将背景色设为白色，按 Ctrl+Delete 组合键，为"图层 1"填充背景色，如图 5-18 所示。

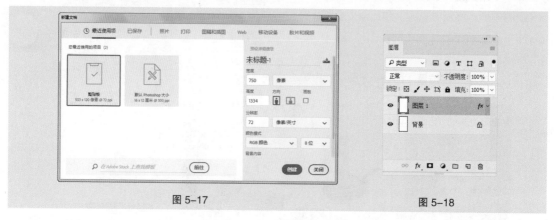

图 5-17　　　　　　　　　　　　　　图 5-18

（3）单击"图层"控制面板下方的"添加图层样式"按钮 fx，在弹出的菜单中选择"渐变叠加"命令，弹出对话框，单击"渐变"选项右侧的"点按可编辑渐变"按钮 ▇▇▇▇，弹出"渐变编辑器"对话框，在"位置"选项中分别输入 0、100 两个位置点，分别设置两个位置点颜色的 RGB 值为 0（245、75、101）、100（250、132、96），如图 5-19 所示。单击"确定"按钮，返回到"渐变叠加"对话框，其他选项的设置如图 5-20 所示，单击"确定"按钮，效果如图 5-21 所示。

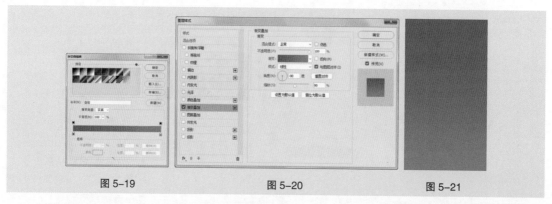

图 5-19　　　　　　　　　图 5-20　　　　　　　　　图 5-21

（4）选择"文件 > 置入嵌入的对象"命令，弹出"置入嵌入的对象"对话框，选择云盘中的"Ch05 > 素材 > 制作美食到家 App > 制作美食到家 App 闪屏页 > 01"文件，单击"置入"按钮，将图片置入到图像窗口中，拖曳到适当的位置并调整其大小，按 Enter 键确认操作，在"图层"控制面板中生成新的图层"01"，效果如图 5-22 所示。

（5）选择"横排文字"工具 **T**，在距离上方图形 24 像素的位置输入需要的文字并选取文字。选择"窗口 > 字符"命令，打开"字符"面板，将"颜色"设为白色，其他选项的设置如图 5-23 所示，按 Enter 键确认操作，效果如图 5-24 所示，在"图层"控制面板中生成新的文字图层。

（6）用相同的方法在距离上方文字 10 像素的位置输入需要的文字并选取文字。在"字符"面板中，将"颜色"设为白色，其他选项的设置如图 5-25 所示，按 Enter 键确认操作，在"图层"控制面板中生成新的文字图层。在控制面板上方，将该图层的"不透明度"选项设为 50%，按 Enter 键确认操作，效果如图 5-26 所示。按住 Shift 键的同时，单击"01"图层，将需要的图层同时选取，按 Ctrl+G 组合键，群组图层并将其命名为"LOGO"。

（7）按 Ctrl+S 组合键，弹出"存储为"对话框，将其命名为"制作美食到家 App 闪屏页"，保存为 psd 格式。单击"保存"按钮，弹出"Photoshop 格式选项"对话框，单击"确定"按钮，将文件保存。美食到家 App 闪屏页制作完成。

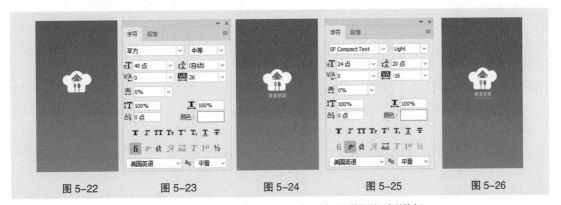

图 5-22   图 5-23   图 5-24   图 5-25   图 5-26

美食到家 App 引导页制作步骤在此不详述，读者可参照慕课视频进行操作。

2. 制作美食到家 App 登录页

（1）按 Ctrl+N 组合键，弹出"新建文档"对话框，设置宽度为 750 像素，高度为 1 334 像素，分辨率为 72 像素 / 英寸，如图 5-27 所示，单击"创建"按钮，完成文档的新建。

图 5-27

（2）选择"视图 > 新建参考线"命令，弹出"新建参考线"对话框，在 40 像素的位置建立水平参考线，设置如图 5-28 所示。单击"确定"按钮，完成参考线的创建。

（3）选择"文件 > 置入嵌入对象"命令，弹出"置入嵌入的对象"对话框，选择云盘中的"Ch05 > 素材 > 制作美食到家 App > 制作美食到家 App 登录页 > 01"文件，单击"置入"按钮，将图片置入到图像窗口中，拖曳到适当的位置并调整其大小，按 Enter 键确认操作，效果如图 5-29 所示，在"图层"控制面板中生成新的图层并将其命名为"状态栏"。

图 5-28   图 5-29

（4）选择"视图 > 新建参考线"命令，弹出"新建参考线"对话框，在 128 像素（距上方参考线 88 像素）的位置建立水平参考线，设置如图 5-30 所示。单击"确定"按钮，完成参考线的创建。

（5）选择"横排文字"工具 **T.**，在距离上方参考线 34 像素的位置输入需要的文字并选取文字。选择"窗口 > 字符"命令，打开"字符"面板，将"颜色"设为灰色（63、63、63），其他选项的设置如图 5-31 所示，按 Enter 键确认操作。用相同的方法再次在适当的位置输入文字，效果如图 5-32 所示，在"图层"控制面板中分别生成新的文字图层。按住 Shift 键的同时，单击"取消"图层，将需要的图层同时选取，按 Ctrl+G 组合键，群组图层并将其命名为"导航栏"。

（6）选择"文件 > 置入嵌入对象"命令，弹出"置入嵌入的对象"对话框，选择云盘中的"Ch05 > 素材 > 制作美食到家 App > 制作美食到家 App 登录页 > 02"文件，单击"置入"按钮，将图片置入到图像窗口中，拖曳到适当的位置并调整其大小，按 Enter 键确认操作，效果如图 5-33 所示，在"图层"控制面板中生成新的图层"02"。

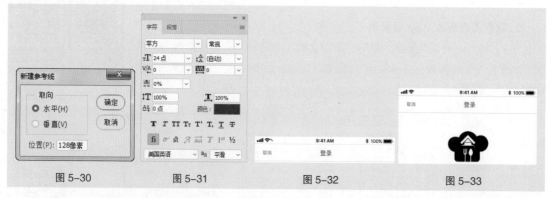

图 5-30   图 5-31   图 5-32   图 5-33

（7）单击"图层"控制面板下方的"添加图层样式"按钮 **fx.**，在弹出的菜单中选择"渐变叠加"命令，弹出对话框，单击"渐变"选项右侧的"点按可编辑渐变"按钮 ，弹出"渐变编辑器"对话框，在"位置"选项中分别输入 0、100 两个位置点，分别设置两个位置点颜色的 RGB 值为 0（245、75、101）、100（250、132、96），如图 5-34 所示，单击"确定"按钮。返回到"渐变叠加"对话框，其他选项的设置如图 5-35 所示，单击"确定"按钮，效果如图 5-36 所示。

（8）选择"横排文字"工具 **T.**，在距离上方图形 24 像素的位置输入需要的文字并选取文字。在"字符"面板中，将"颜色"设为蓝灰色（45、64、87），其他选项的设置如图 5-37 所示，按 Enter 键确认操作，效果如图 5-38 所示，在"图层"控制面板中生成新的文字图层。

（9）用相同的方法，在距离上方文字 10 像素的位置输入需要的文字。在"图层"控制面板中，将"不透明度"选项设为 50%，按 Enter 键确认操作，效果如图 5-39 所示。按住 Shift 键的同时，单击"02"图层，将需要的图层同时选取，按 Ctrl+G 组合键，群组图层并将其命名为"LOGO"。

（10）选择"视图 > 新建参考线"命令，弹出"新建参考线"对话框，在 472 像素（文字下方）

的位置建立水平参考线，设置如图 5-40 所示。单击"确定"按钮，完成参考线的创建。用相同的方法再次在 528 像素（距上方参考线 56 像素）的位置建立水平参考线。

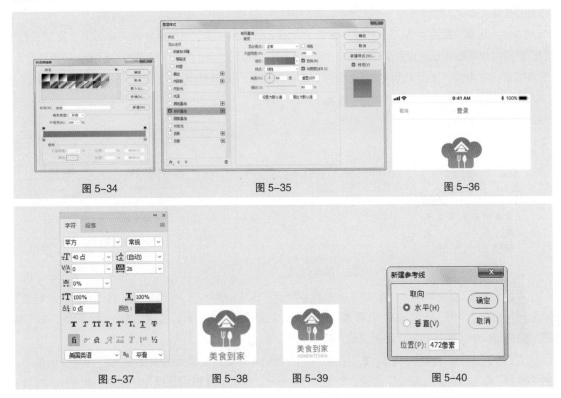

图 5-34   图 5-35   图 5-36

图 5-37   图 5-38   图 5-39   图 5-40

（11）选择"圆角矩形"工具 ◻，在属性栏中的"选择工具模式"选项中选择"形状"，将"填充"颜色设为无，"描边"颜色设为粉色（249、60、100），"粗细"选项设为 1 像素，"半径"选项设为 40 像素。在适当的位置绘制圆角矩形，效果如图 5-41 所示，在"图层"控制面板中生成新的形状图层"圆角矩形 1"。

（12）选择"横排文字"工具 T，在适当的位置输入需要的文字并选取文字。在"字符"面板中，将"颜色"设为浅灰色（161、161、161），其他选项的设置如图 5-42 所示，按 Enter 键确认操作，效果如图 5-43 所示，在"图层"控制面板中生成新的文字图层。

（13）按住 Shift 键的同时，单击"圆角矩形 1"图层，将需要的图层同时选取，按 Ctrl+G 组合键，群组图层并将其命名为"邮箱地址"。用相同的方法制作"密码"图层组，效果如图 5-44 所示。

图 5-41   图 5-42   图 5-43   图 5-44

（14）选择"横排文字"工具 **T.**，在距离上方形状 40 像素的位置输入需要的文字并选取文字。在"字符"面板中，将"颜色"设为蓝黑色（45、64、87），其他选项的设置如图 5-45 所示，按 Enter 键确认操作，效果如图 5-46 所示，在"图层"控制面板中生成新的文字图层。

（15）选择"视图 > 新建参考线"命令，弹出"新建参考线"对话框，在 782 像素（文字下方）的位置建立水平参考线，设置如图 5-47 所示。单击"确定"按钮，完成参考线的创建。用相同的方法再次在 836 像素（距上方参考线 54 像素）的位置建立水平参考线。

图 5-45　　　　　　　　图 5-46　　　　　　　　图 5-47

（16）选择"圆角矩形"工具 **O.**，在属性栏中将"填充"颜色设为粉色（249、60、100），"描边"颜色设为无，"半径"选项设为 40 像素。在适当的位置绘制圆角矩形，效果如图 5-48 所示，在"图层"控制面板中生成新的形状图层"圆角矩形 2"。

（17）选择"横排文字"工具 **T.**，在适当的位置输入需要的文字并选取文字。在"字符"面板中，将"颜色"设为白色，其他选项的设置如图 5-49 所示，按 Enter 键确认操作，效果如图 5-50 所示，在"图层"控制面板中生成新的文字图层。

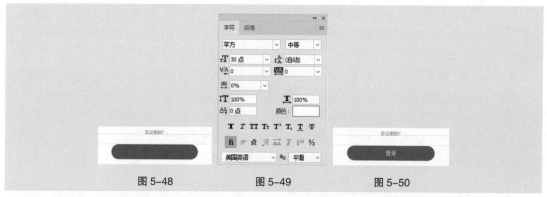

图 5-48　　　　　　　　图 5-49　　　　　　　　图 5-50

（18）选择"直线"工具 **/.**，在属性栏中将"填充"颜色设为无，"描边"颜色设为灰色（221、221、221），"粗细"选项设为 1 像素。按住 Shift 键的同时，在图像窗口中适当的位置绘制直线，如图 5-51 所示，在"图层"控制面板中生成新的形状图层"形状 1"。

（19）选择"移动"工具 **+.**，按住 Alt+Shift 组合键的同时，将其拖曳到适当的位置，复制图形，如图 5-52 所示，在"图层"控制面板中生成新的形状图层"形状 1 拷贝"。

（20）选择"横排文字"工具 **T.**，在距离上方形状 38 像素的位置输入需要的文字并选取文字。在"字符"面板中，将"颜色"设为蓝黑色（45、64、87），其他选项的设置如图 5-53 所示，按 Enter 键确认操作，效果如图 5-54 所示，在"图层"控制面板中生成新的文字图层。

图 5-51 图 5-52

图 5-53 图 5-54

（21）按 Ctrl + O 组合键，打开云盘中的"Ch05 > 素材 > 制作美食到家 App > 制作美食到家 App 登录页 > 03"文件，选择"移动"工具 ➕，将"QQ"图形拖曳到距离上方形状 50 像素的位置，效果如图 5-55 所示，在"图层"控制面板中生成新的形状图层。用相同的方法分别拖曳需要的形状到适当的位置，效果如图 5-56 所示。按住 Shift 键的同时，单击"圆角矩形 2"图层，将需要的图层同时选取，按 Ctrl+G 组合键，群组图层并将其命名为"登录方式"。

图 5-55 图 5-56

（22）选择"横排文字"工具 T,，在距离上方形状 56 像素的位置输入需要的文字并选取文字。在"字符"面板中，将"颜色"设为蓝黑色（45、64、87），其他选项的设置如图 5-57 所示，在"图层"控制面板中生成新的文字图层。再次选取需要的文字，在"字符"面板中，将"颜色"设为粉色（249、60、100），填充文字，效果如图 5-58 所示。按住 Shift 键的同时，单击"LOGO"图层组，将需要的图层同时选取，按 Ctrl+G 组合键，群组图层并将其命名为"内容区"。

图 5-57 图 5-58

（23）按 Ctrl+S 组合键，弹出"存储为"对话框，将其命名为"制作美食到家 App 登录页"，保存为 psd 格式。单击"保存"按钮，弹出"Photoshop 格式选项"对话框，单击"确定"按钮，将文件保存。美食到家 App 登录页制作完成。

美食到家 App 注册登录页和注册页制作步骤与登录页类似，读者可参照慕课视频进行操作。

制作美食到家
App 注册登录页　　制作美食到家
App 登录页

3. 制作美食到家 App 首页

（1）按 Ctrl+N 组合键，弹出"新建文档"对话框，设置宽度为 750 像素，高度为 1 334 像素，分辨率为 72 像素 / 英寸，背景内容为灰色（239、241、244），如图 5-59 所示，单击"创建"按钮，完成文档的新建。

制作美食到家
App 首页

图 5-59

（2）选择"视图 > 新建参考线版面"命令，弹出"新建参考线版面"对话框，设置如图 5-60 所示。单击"确定"按钮，完成参考线的创建，效果如图 5-61 所示。

图 5-60　　　　　　　　　　图 5-61

（3）选择"文件 > 置入嵌入对象"命令，弹出"置入嵌入的对象"对话框，选择云盘中的"Ch05 > 素材 > 制作美食到家 App > 制作美食到家 App 首页 > 01"文件，单击"置入"按钮，将图片置入到图像窗口中，拖曳到适当的位置并调整其大小，按 Enter 键确认操作，效果如图 5-62 所示，在"图层"控制面板中生成新的图层并将其命名为"状态栏"。

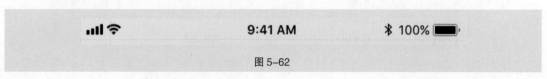

图 5-62

（4）选择"视图 > 新建参考线"命令，弹出"新建参考线"对话框，在 128 像素（距上方参考线 88 像素）的位置建立水平参考线，设置如图 5-63 所示。单击"确定"按钮，完成参考线的创建。

（5）选择"横排文字"工具 T.，在距离上方参考线 28 像素的位置输入需要的文字并选取文字。选择"窗口 > 字符"命令，打开"字符"面板，将"颜色"设为蓝黑色（45、64、87），其他选项的设置如图 5-64 所示，按 Enter 键确认操作，效果如图 5-65 所示，在"图层"控制面板中生成新的文字图层。按 Ctrl+G 组合键，群组图层并将其命名为"导航栏"。

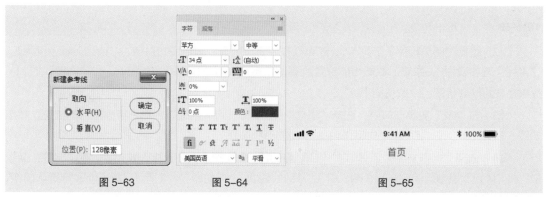

图 5-63   图 5-64   图 5-65

（6）选择"视图 > 新建参考线"命令，弹出"新建参考线"对话框，在 304 像素（距上方参考线 176 像素）的位置建立水平参考线，设置如图 5-66 所示。单击"确定"按钮，完成参考线的创建。

（7）选择"圆角矩形"工具 □.，在属性栏中的"选择工具模式"选项中选择"形状"，将"填充"颜色设为白色，"描边"颜色设为无，"半径"选项设为 12 像素。在适当的位置绘制圆角矩形，效果如图 5-67 所示，在"图层"控制面板中生成新的形状图层"圆角矩形 1"。用相同的方法再次绘制一个圆角矩形，如图 5-68 所示，在"图层"控制面板中生成新的形状图层"圆角矩形 2"。

图 5-66   图 5-67   图 5-68

（8）按 Ctrl + O 组合键，打开云盘中的"Ch05 > 素材 > 制作美食到家 App > 制作美食到家 App 首页 > 02"文件，选择"移动"工具 ✛.，将"筛选"图形拖曳到适当的位置，效果如图 5-69 所示，在"图层"控制面板中生成新的形状图层。

（9）选择"横排文字"工具 T.，在适当的位置输入需要的文字并选取文字。在"字符"面板中，将"颜色"设为深蓝色（74、100、132），其他选项的设置如图 5-70 所示，按 Enter 键确认操作，效果如图 5-71 所示，在"图层"控制面板中生成新的文字图层。

（10）在"02"图像窗口中，选择"移动"工具 ✛.，将"搜索"图形拖曳到适当的位置，效果如图 5-72 所示，在"图层"控制面板中生成新的形状图层。

（11）按住 Shift 键的同时，单击"圆角矩形 1"图层组，将需要的图层同时选取，按 Ctrl+G 组合键，群组图层并将其命名为"筛选搜索栏"。

图 5-69　　　图 5-70　　　　　　　　图 5-71　　　　　　　　图 5-72

（12）选择"圆角矩形"工具 □，在属性栏中将"填充"颜色设为白色，"描边"颜色设为无，"半径"选项设为 12 像素。在适当的位置绘制圆角矩形，效果如图 5-73 所示，在"图层"控制面板中生成新的形状图层"圆角矩形 3"。

（13）在"02"图像窗口中，选择"移动"工具 ✛，将"地址"图形拖曳到适当的位置，效果如图 5-74 所示，在"图层"控制面板中生成新的形状图层。

（14）选择"横排文字"工具 T，在适当的位置输入需要的文字并选取文字。在"字符"面板中，将"颜色"设为蓝黑色（45、64、87），其他选项的设置如图 5-75 所示，按 Enter 键确认操作，效果如图 5-76 所示，在"图层"控制面板中生成新的文字图层。

图 5-73　　　　　　　图 5-74　　　　　　图 5-75　　　　　　图 5-76

（15）在"02"图像窗口中，选择"移动"工具 ✛，将"展开"图形拖曳到适当的位置，效果如图 5-77 所示，在"图层"控制面板中生成新的形状图层。按住 Shift 键的同时，单击"圆角矩形 3"图层组，将需要的图层同时选取，按 Ctrl+G 组合键，群组图层并将其命名为"地址"。

（16）用相同的方法分别制作"价格"和"时间"图层组，效果如图 5-78 所示。按住 Shift 键的同时，单击"地址"图层组，将需要的图层组同时选取，按 Ctrl+G 组合键，群组图层并将其命名为"条件筛选栏"。

图 5-77　　　　　　　　　　　　　图 5-78

（17）选择"视图 > 新建参考线"命令，弹出"新建参考线"对话框，在 436 像素（距上方参考线 132 像素）的位置建立水平参考线，设置如图 5-79 所示。单击"确定"按钮，完成参考线的创建。

（18）选择"横排文字"工具 **T.**，在适当的位置输入需要的文字并选取文字。在"字符"面板中，将"颜色"设为蓝黑色（45、64、87），其他选项的设置如图5-80所示，按Enter键确认操作。用相同的方法再次输入红色（249、60、100）文字，效果如图5-81所示，在"图层"控制面板中分别生成新的文字图层。

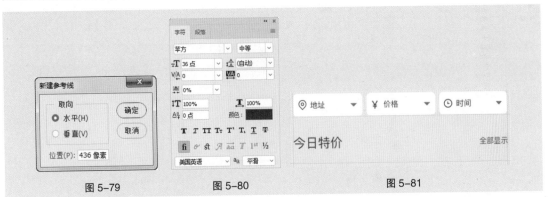

图5-79   图5-80   图5-81

（19）选择"视图 > 新建参考线"命令，弹出"新建参考线"对话框，在910像素（距上方参考线474像素）的位置建立水平参考线，设置如图5-82所示。单击"确定"按钮，完成参考线的创建。

（20）选择"圆角矩形"工具 **□.**，在属性栏中将"填充"颜色设为白色，"描边"颜色设为无，"半径"选项设为24像素。在适当的位置绘制圆角矩形，效果如图5-83所示，在"图层"控制面板中生成新的形状图层"圆角矩形4"。

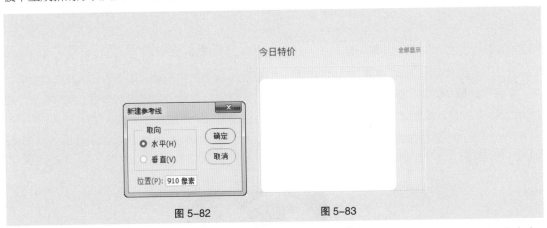

图5-82   图5-83

（21）单击"图层"控制面板下方的"添加图层样式"按钮 **fx.**，在弹出的菜单中选择"投影"命令，弹出对话框，将投影颜色设为灰色（97、97、98），其他选项的设置如图5-84所示，单击"确定"按钮，效果如图5-85所示。

（22）选择"圆角矩形"工具 **□.**，在属性栏中将"半径"选项设为24像素，在适当的位置绘制圆角矩形。在属性栏中将"填充"颜色设为蓝黑色（45、64、87），"描边"颜色设为无，效果如图5-86所示，在"图层"控制面板中生成新的形状图层"圆角矩形5"。

（23）选择"文件 > 置入嵌入对象"命令，弹出"置入嵌入的对象"对话框，选择云盘中的"Ch05 > 素材 > 制作美食到家App > 制作美食到家App首页 > 03"文件，单击"置入"按钮，将图片置入到图像窗口中，拖曳到适当的位置并调整其大小，按Enter键确认操作，在"图层"控制面板中生成新的图层并将其命名为"沙拉"。按 Alt+Ctrl+G 组合键，为"沙拉"图层创建剪贴蒙版，效果如图 5-87 所示。

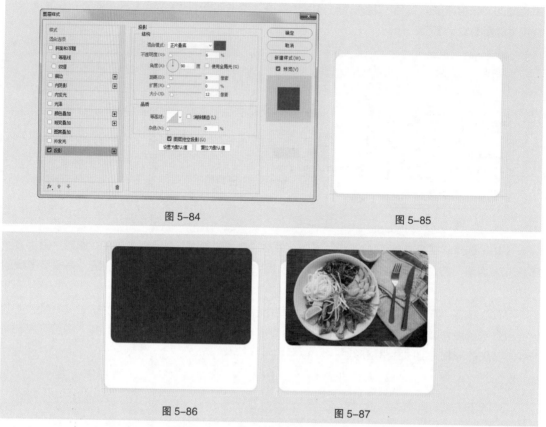

图 5-84 图 5-85

图 5-86 图 5-87

（24）选择"横排文字"工具 **T.**，在距离上方图形 40 像素的位置输入需要的文字并选取文字。在"字符"面板中，将"颜色"设为蓝黑色（45、64、87），其他选项的设置如图 5-88 所示，按 Enter 键确认操作，效果如图 5-89 所示，在"图层"控制面板中生成新的文字图层。

（25）在"02"图像窗口中，选择"移动"工具 **✛.**，将"时间"图形拖曳到适当的位置，效果如图 5-90 所示，在"图层"控制面板中生成新的形状图层。

图 5-88 图 5-89 图 5-90

（26）选择"横排文字"工具 **T.**，在适当的位置分别输入需要的文字并选取文字。在"字符"面板中，将"颜色"设为蓝黑色（45、64、87），其他选项的设置如图 5-91 所示，按

Enter 键确认操作，在"图层"控制面板中分别生成新的文字图层。用相同的方法再次输入红色（249、60、100）文字，效果如图 5-92 所示。

（27）按住 Shift 键的同时，单击"圆角矩形 4"图层，将需要的图层同时选取，按 Ctrl+G 组合键，群组图层并将其命名为"薄荷沙拉"。用相同的方法分别制作"意大利面"和"烤肉"图层组，效果如图 5-93 所示。

（28）按住 Shift 键的同时，单击"今日特价"图层，将需要的图层同时选取，按 Ctrl+G 组合键，群组图层并将其命名为"今日特价"。

图 5-91　　　　　　　　　　图 5-92　　　　　　　　　　　　　图 5-93

（29）选择"视图 > 新建参考线"命令，弹出"新建参考线"对话框，在 1 040 像素（距上方参考线 130 像素）的位置建立水平参考线，设置如图 5-94 所示。单击"确定"按钮，完成参考线的创建。

（30）选择"横排文字"工具 **T.**，在距离上方图形 56 像素的位置输入需要的文字并选取文字。在"字符"面板中，将"颜色"设为蓝黑色（45、64、87），其他选项的设置如图 5-95 所示，按 Enter 键确认操作，效果如图 5-96 所示，在"图层"控制面板中生成新的文字图层。

（31）选择"圆角矩形"工具 **□.**，在属性栏中将"半径"选项设为 24 像素，在适当的位置绘制圆角矩形，在"图层"控制面板中生成新的形状图层"圆角矩形 6"。在属性栏中将"填充"颜色设为蓝黑色（45、64、87），"描边"颜色设为无，效果如图 5-97 所示。

图 5-94　　　　　　　　图 5-95　　　　　　　　　　图 5-96　　　　　　　图 5-97

（32）单击"图层"控制面板下方的"添加图层样式"按钮 **fx.**，在弹出的菜单中选择"渐变叠加"命令，弹出对话框，单击"渐变"选项右侧的"点按可编辑渐变"按钮 ，弹出"渐变编辑器"对话框，在"位置"选项中分别输入 0、100 两个位置点，分别设置两个位置点颜色的 RGB 值为 0（244、93、127）、100（240、116、174），如图 5-98 所示，单击"确定"按钮。返回到"渐变叠加"对话框，其他选项的设置如图 5-99 所示，单击"确定"按钮，效果如图 5-100 所示。

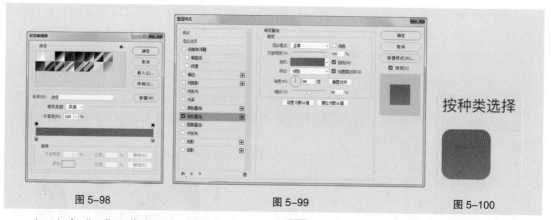

图 5-98　　　　　　　　　　　　　　　图 5-99　　　　　　　　　　　　　图 5-100

（33）在"02"图像窗口中，选择"移动"工具 ⊕，将"早茶"图形拖曳到适当的位置，效果如图 5-101 所示，在"图层"控制面板中生成新的形状图层。

（34）选择"横排文字"工具 T，在距离上方图形 36 像素的位置输入需要的文字并选取文字。在"字符"面板中，将"颜色"设为蓝黑色（45、64、87），其他选项的设置如图 5-102 所示，按 Enter 键确认操作，效果如图 5-103 所示，在"图层"控制面板中生成新的文字图层。

（35）按住 Shift 键的同时，单击"圆角矩形 6"图层，将需要的图层同时选取，按 Ctrl+G 组合键，群组图层并将其命名为"早茶"。用相同的方法分别制作"午餐""水果"和"比萨"图层组，效果如图 5-104 所示。

图 5-101　　　　　图 5-102　　　　　　图 5-103　　　　　　　图 5-104

（36）按住 Shift 键的同时，单击"按种类选择"图层，将需要的图层同时选取，按 Ctrl+G 组合键，群组图层并将其命名为"按种类选择"。按住 Shift 键的同时，单击"今日特价"图层组，将需要的图层组同时选取，按 Ctrl+G 组合键，群组图层并将其命名为"内容区"，如图 5-105 所示。

（37）选择"圆角矩形"工具 ◻，在属性栏中将"填充"颜色设为白色，"描边"颜色设为无，"半径"选项设为 24 像素。在适当的位置绘制圆角矩形，效果如图 5-106 所示，在"图层"控制面板中生成新的形状图层"圆角矩形 7"。

（38）单击"图层"控制面板下方的"添加图层样式"按钮 fx，在弹出的菜单中选择"投影"命令，在弹出的对话框中，将投影颜色设为灰色（97、97、98），其他选项的设置如图 5-107 所示，单击"确定"按钮，效果如图 5-108 所示。

（39）在"02"图像窗口中，选择"移动"工具 ⊕，将"主页"图形拖曳到适当的位置，效果如图 5-109 所示，在"图层"控制面板中生成新的形状图层。

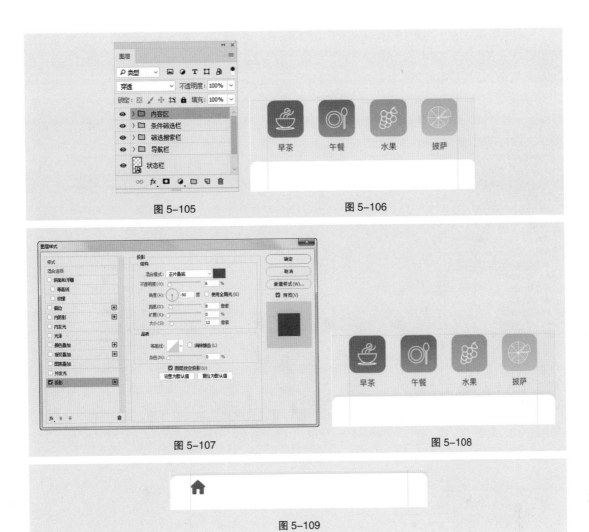

图 5-105

图 5-106

图 5-107

图 5-108

图 5-109

（40）选择"横排文字"工具 **T.**，在距离上方图形 40 像素的位置输入需要的文字并选取文字。在"字符"面板中，将"颜色"设为粉色（249、60、100），其他选项的设置如图 5-110 所示，按 Enter 键确认操作，效果如图 5-111 所示，在"图层"控制面板中生成新的文字图层。按住 Shift 键的同时，单击"主页"图层，将需要的图层同时选取，按 Ctrl+G 组合键，群组图层并将其命名为"主页"。

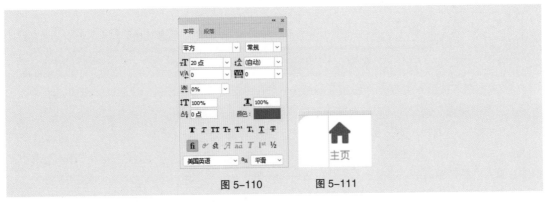

图 5-110

图 5-111

（41）用相同的方法分别制作"喜欢""购物车"和"我的"图层组，如图 5-112 所示，效果如图 5-113 所示。按住 Shift 键的同时，单击"圆角矩形 7"图层，将需要的图层同时选取，按 Ctrl+G 组合键，群组图层并将其命名为"控制栏"，如图 5-114 所示。

（42）按 Ctrl+S 组合键，弹出"存储为"对话框，将其命名为"制作美食到家 App 首页"，保存为 psd 格式。单击"保存"按钮，弹出"Photoshop 格式选项"对话框，单击"确定"按钮，将文件保存。美食到家 App 首页制作完成。

图 5-112　　　　　　　　　　图 5-113　　　　　　　　　　图 5-114

4. 制作美食到家 App 搜索页

（1）按 Ctrl+N 组合键，弹出"新建文档"对话框，设置宽度为 750 像素，高度为 1 334 像素，分辨率为 72 像素 / 英寸，背景内容为灰色（239、241、244），如图 5-115 所示，单击"创建"按钮，完成文档的新建。

制作美食到家
App 搜索页

图 5-115

（2）选择"视图 > 新建参考线版面"命令，弹出"新建参考线版面"对话框，设置如图 5-116 所示。单击"确定"按钮，完成参考线的创建，效果如图 5-117 所示。

（3）选择"文件 > 置入嵌入对象"命令，弹出"置入嵌入的对象"对话框，选择云盘中的"Ch05 > 素材 > 制作美食到家 App > 制作美食到家 App 搜索页 > 01"文件，单击"置入"按钮，将图片置入到图像窗口中，拖曳到适当的位置并调整其大小，按 Enter 键确认操作，效果如图 5-118 所示，在"图层"控制面板中生成新的图层并将其命名为"状态栏"。

图 5-116   图 5-117

图 5-118

（4）选择"视图 > 新建参考线"命令，弹出"新建参考线"对话框，在 128 像素（距上方参考线 88 像素）的位置建立水平参考线，设置如图 5-119 所示。单击"确定"按钮，完成参考线的创建。

（5）按 Ctrl + O 组合键，打开云盘中的"Ch05 > 素材 > 制作美食到家 App > 制作美食到家 App 搜索页 > 02"文件，选择"移动"工具 ✛，，将"关闭"图形拖曳到适当的位置，效果如图 5-120 所示，在"图层"控制面板中生成新的形状图层。

图 5-119   图 5-120

（6）选择"横排文字"工具 **T.**，在距离上方参考线 28 像素的位置输入需要的文字并选取文字。选择"窗口 > 字符"命令，打开"字符"面板，将"颜色"设为蓝黑色（45、64、87），其他选项的设置如图 5-121 所示，按 Enter 键确认操作，效果如图 5-122 所示，在"图层"控制面板中生成新的文字图层。

（7）按住 Shift 键的同时，单击"关闭"图层，将需要的图层同时选取，按 Ctrl+G 组合键，群组图层并将其命名为"导航栏"。

（8）选择"视图 > 新建参考线"命令，弹出"新建参考线"对话框，在 304 像素（距上方参考线 176 像素）的位置建立水平参考线，设置如图 5-123 所示。单击"确定"按钮，完成参考线的创建。

（9）在"制作美食到家 App 首页"图像窗口中，选中"条件筛选栏"图层组，按住 Shift 键的同时，单击"筛选搜索栏"图层组，将需要的图层组同时选取。单击鼠标右键，在弹出的菜单中选择"复制图层"命令，在弹出的对话框中进行设置，如图 5-124 所示，单击"确定"按钮，效果如图 5-125 所示。

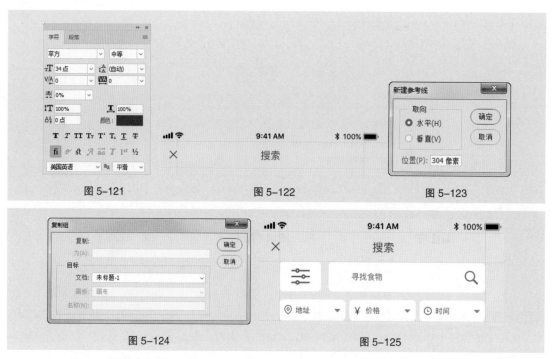

图 5-121   图 5-122   图 5-123

图 5-124   图 5-125

（10）打开"筛选搜索栏"图层组，选中"寻找食物"图层。选择"横排文字"工具 **T.**，修改文字为"沙拉 I"，效果如图 5-126 所示。隐藏图层组中的图层。

（11）选择"视图 > 新建参考线"命令，弹出"新建参考线"对话框，在 352 像素（距上方参考线 48 像素）的位置建立水平参考线，设置如图 5-127 所示。单击"确定"按钮，完成参考线的创建。

图 5-126   图 5-127

（12）选择"横排文字"工具 **T.**，在适当的位置输入需要的文字并选取文字。在"字符"面板中，将"颜色"设为蓝黑色（45、64、87），其他选项的设置如图 5-128 所示，按 Enter 键确认操作，效果如图 5-129 所示，在"图层"控制面板中生成新的文字图层。

（13）选择"圆角矩形"工具 **□.**，在属性栏的"选择工具模式"选项中选择"形状"，将"填充"颜色设为灰色（129、140、154），"描边"颜色设为无，"半径"选项设为 40 像素。在适当的位置绘制圆角矩形，效果如图 5-130 所示，在"图层"控制面板中生成新的形状图层"圆角矩形 4"。

（14）单击"图层"控制面板下方的"添加图层样式"按钮 **fx.**，在弹出的菜单中选择"渐变叠加"命令，弹出对话框，单击"渐变"选项右侧的"点按可编辑渐变"按钮，弹出"渐变编辑器"对话框，在"位置"选项中分别输入 0、100 两个位置点，分别设置两个位置点颜色的 RGB 值为 0（244、93、127）、100（240、116、174），如图 5-131 所示，单击"确定"按钮。返回到"渐变叠加"

对话框，其他选项的设置如图 5-132 所示，单击"确定"按钮，效果如图 5-133 所示。

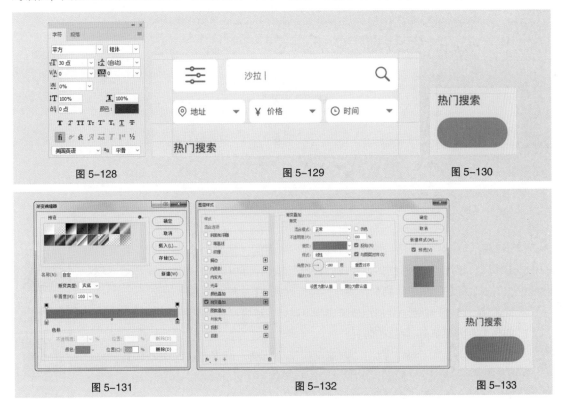

图 5-128　　　　　　　　　　图 5-129　　　　　　　　　　图 5-130

图 5-131　　　　　　　　　　图 5-132　　　　　　　　　　图 5-133

（15）选择"横排文字"工具 **T.**，在适当的位置输入需要的文字并选取文字。在"字符"面板中，将"颜色"设为白色，按 Enter 键确认操作，效果如图 5-134 所示，在"图层"控制面板中生成新的文字图层。按住 Shift 键的同时，单击"圆角矩形 4"图层，将需要的图层同时选取，按Ctrl+G 组合键，群组图层并将其命名为"醪糟汤圆"。

（16）用相同的方法制作其他图层组，如图 5-135 所示，效果如图 5-136 所示。按住 Shift 键的同时，单击"热门搜索"图层，将需要的图层同时选取，按 Ctrl+G 组合键，群组图层并将其命名为"热门搜索"，如图 5-137 所示。

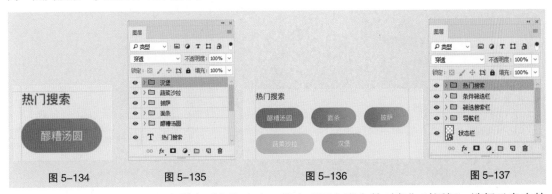

图 5-134　　　　　　图 5-135　　　　　　　图 5-136　　　　　　　图 5-137

（17）选择"文件 > 置入嵌入对象"命令，弹出"置入嵌入的对象"对话框，选择云盘中的"Ch05 > 素材 > 制作美食到家 App > 制作美食到家 App 搜索页 > 03"文件，单击"置入"按钮，将图片置入到图像窗口中，拖曳到适当的位置，按 Enter 键确认操作，效果如图 5-138 所示，在"图层"控制面板中生成新的图层并将其命名为"键盘"。

图 5-138

（18）按 Ctrl+S 组合键，弹出"存储为"对话框，将其命名为"制作美食到家 App 搜索页"，保存为 psd 格式。单击"保存"按钮，弹出"Photoshop 格式选项"对话框，单击"确定"按钮，将文件保存。美食到家 App 搜索页制作完成。

美食到家 App 搜索结果页制作步骤在此不详述，读者可参照慕课视频进行操作。

制作美食到家
App 搜索结果页

5. 制作美食到家 App 食品详情页

（1）按 Ctrl+N 组合键，弹出"新建文档"对话框，设置宽度为 750 像素，高度为 1 334 像素，分辨率为 72 像素 / 英寸，背景内容为灰色（239、241、244），如图 5-139 所示，单击"确定"按钮，完成文档的新建。

制作美食到家
App 食品详情页

图 5-139

（2）选择"视图 > 新建参考线版面"命令，弹出"新建参考线版面"对话框，设置如图 5-140 所示。单击"确定"按钮，完成参考线的创建，效果如图 5-141 所示。

（3）选择"文件 > 置入嵌入对象"命令，弹出"置入嵌入的对象"对话框，选择云盘中的"Ch05 > 素材 > 制作美食到家 App > 制作美食到家 App 食品详情页 > 01"文件，单击"置入"按钮，将图片置入到图像窗口中，拖曳到适当的位置并调整其大小，按 Enter 键确认操作，效果如图 5-142 所示，在"图层"控制面板中生成新的图层并将其命名为"状态栏"。

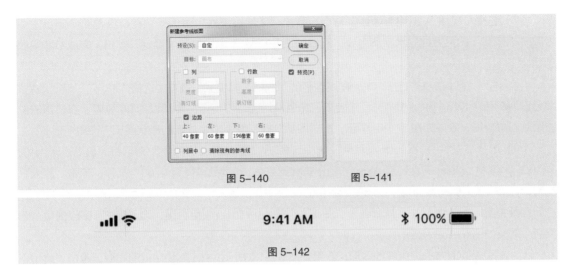

图 5-140　　　　　　　　　图 5-141

图 5-142

（4）选择"视图 > 新建参考线"命令，弹出"新建参考线"对话框，在 128 像素（距上方参考线 88 像素）的位置建立水平参考线，设置如图 5-143 所示。单击"确定"按钮，完成参考线的创建。

（5）按 Ctrl + O 组合键，打开云盘中的"Ch05 > 素材 > 制作美食到家 App > 制作美食到家 App 食品详情页 > 02"文件，选择"移动"工具 ⊕，将"返回"和"喜欢"图形分别拖曳到适当的位置，效果如图 5-144 所示，在"图层"控制面板中分别生成新的形状图层。

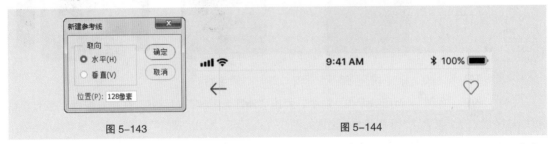

图 5-143　　　　　　　　　图 5-144

（6）选择"横排文字"工具 **T.**，在距离上方参考线 28 像素的位置输入需要的文字并选取文字。选择"窗口 > 字符"命令，打开"字符"面板，将"颜色"设为蓝黑色（45、64、87），其他选项的设置如图 5-145 所示，按 Enter 键确认操作，效果如图 5-146 所示，在"图层"控制面板中生成新的文字图层。按住 Shift 键的同时，单击"返回"图层，将需要的图层同时选取，按 Ctrl+G 组合键，群组图层并将其命名为"导航栏"。

图 5-145　　　　　　　　　图 5-146

（7）选择"视图 > 新建参考线"命令，弹出"新建参考线"对话框，在 800 像素（距上方参考线 672 像素）的位置建立水平参考线，设置如图 5-147 所示。单击"确定"按钮，完成参考线的创建。

（8）选择"圆角矩形"工具 ⬜，在属性栏的"选择工具模式"选项中选择"形状"，将"填充"颜色设为灰色（129、140、154），"描边"颜色设为无，"半径"选项设为 56 像素，在适当的位置绘制圆角矩形，效果如图 5-148 所示，在"图层"控制面板中生成新的形状图层"圆角矩形 1"。

（9）选择"文件 > 置入嵌入对象"命令，弹出"置入嵌入的对象"对话框，选择云盘中的"Ch05 > 素材 > 制作美食到家 App > 制作美食到家 App 食品详情页 > 03"文件，单击"置入"按钮，将图片置入到图像窗口中，拖曳到适当的位置并调整其大小，按 Enter 键确认操作，在"图层"控制面板中生成新的图层并将其命名为"图 1"。按 Alt+Ctrl+G 组合键，为"图 1"图层创建剪贴蒙版，效果如图 5-149 所示。

（10）用相同的方法制作其他图形，效果如图 5-150 所示。按住 Shift 键的同时，单击"圆角矩形 1"图层，将需要的图层同时选取，按 Ctrl+G 组合键，群组图层并将其命名为"Banner"。

图 5-147　　　　　图 5-148　　　　　图 5-149　　　　　图 5-150

（11）选择"视图 > 新建参考线"命令，弹出"新建参考线"对话框，在 856 像素（距上方参考线 56 像素）的位置建立水平参考线，设置如图 5-151 所示。单击"确定"按钮，完成参考线的创建。

（12）选择"横排文字"工具 T，在适当的位置输入需要的文字并选取文字。在"字符"面板中，将"颜色"设为蓝黑色（45、64、87），其他选项的设置如图 5-152 所示，按 Enter 键确认操作。用相同的方法再次在适当的位置输入粉色（249、60、100）文字，效果如图 5-153 所示，在"图层"控制面板中分别生成新的文字图层。

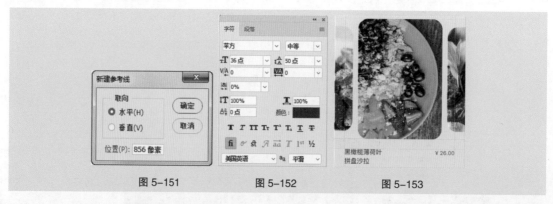

图 5-151　　　　　图 5-152　　　　　图 5-153

（13）在"02"图像窗口中，选择"移动"工具 ⊕，将"时间"和"重量"图形分别拖曳到适当的位置，效果如图 5-154 所示，在"图层"控制面板中分别生成新的形状图层。

（14）选择"横排文字"工具 **T.**，在适当的位置分别输入需要的文字并选取文字。在"字符"面板中，将"颜色"设为蓝黑色（100、124、153），其他选项的设置如图 5-155 所示，按 Enter 键确认操作，效果如图 5-156 所示，在"图层"控制面板中分别生成新的文字图层。

图 5-154　　　　　图 5-155　　　　　图 5-156

（15）选择"直线"工具 **/.**，在属性栏中将"填充"颜色设为蓝黑色（100、124、153），"描边"颜色设为无，"粗细"选项设为 1 像素。按住 Shift 键的同时，在图像窗口中适当的位置绘制直线，如图 5-157 所示，在"图层"控制面板中生成新的形状图层"形状 1"。

（16）在"02"图像窗口中，选择"移动"工具 **⊕.**，将"蔬菜"图形拖曳到适当的位置，效果如图 5-158 所示，在"图层"控制面板中生成新的形状图层。

图 5-157　　　　　图 5-158

（17）用相同的方法分别输入其他文字，效果如图 5-159 所示，在"图层"控制面板中分别生成新的文字图层。选取需要的文字，在"字符"面板中，将"颜色"设为粉色（249、60、100），其他选项的设置如图 5-160 所示，按 Enter 键确认操作，效果如图 5-161 所示。按住 Shift 键的同时，单击"黑橄榄薄荷叶拼盘沙拉"图层，将需要的图层同时选取，按 Ctrl+G 组合键，群组图层并将其命名为"详细信息"。

图 5-159　　　　　图 5-160　　　　　图 5-161

（18）选择"圆角矩形"工具 **□.**，在属性栏中将"填充"颜色设为白色，"描边"颜色设为无，

"半径"选项设为56像素。在适当的位置绘制圆角矩形，在"图层"控制面板中生成新的形状图层"圆角矩形3"。

（19）单击"图层"控制面板下方的"添加图层样式"按钮 fx，在弹出的菜单中选择"投影"命令，弹出对话框，将投影颜色设为黑色，其他选项的设置如图 5-162 所示，单击"确定"按钮，效果如图 5-163 所示。

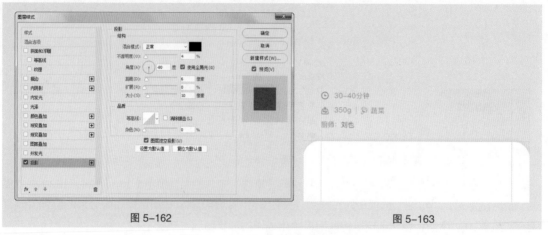

图 5-162　　　　　　　　　　　　　　　　　　图 5-163

（20）选择"横排文字"工具 T.，在适当的位置输入需要的文字并选取文字。在"字符"面板中，将"颜色"设为蓝黑色（45、64、87），其他选项的设置如图 5-164 所示，按 Enter 键确认操作，效果如图 5-165 所示，在"图层"控制面板中生成新的文字图层。

图 5-164　　　　　　　　　　　　　　　　　　图 5-165

（21）在"02"图像窗口中，选择"移动"工具 ✛.，将"向上展开"图形拖曳到适当的位置，效果如图 5-166 所示，在"图层"控制面板中生成新的形状图层。

（22）选择"圆角矩形"工具 ◻.，在属性栏中将"半径"选项设为 40 像素，"粗细"选项设为 1 像素，在适当的位置绘制圆角矩形，在"图层"控制面板中生成新的形状图层"圆角矩形 4"。在属性栏中将"填充"颜色设为无，"描边"颜色设为粉色（249、60、100），如图 5-167 所示。

图 5-166　　　　　　　　　　　　　　　　　　图 5-167

（23）选择"移动"工具 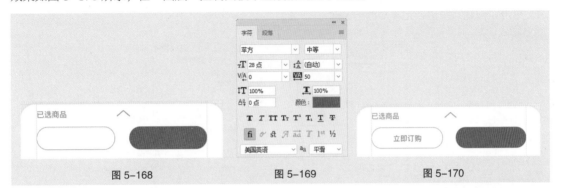，按住 Alt+Shift 组合键的同时，将其拖曳到适当的位置，复制图形，在"图层"控制面板中生成新的形状图层"圆角矩形 4 拷贝"。在属性栏中将"填充"颜色设为粉色（249、60、100），"描边"颜色设为无，效果如图 5-168 所示。

（24）选择"横排文字"工具 **T.**，在适当的位置输入需要的文字并选取文字。在"字符"面板中，将"颜色"设为粉色（249、60、100），其他选项的设置如图 5-169 所示，按 Enter 键确认操作，效果如图 5-170 所示，在"图层"控制面板中生成新的文字图层。

图 5-168　　　　　　　　图 5-169　　　　　　　　图 5-170

（25）单击"图层"控制面板下方的"添加图层样式"按钮 *fx.*，在弹出的菜单中选择"投影"命令，弹出对话框，将投影颜色设为黑色，其他选项的设置如图 5-171 所示，单击"确定"按钮，效果如图 5-172 所示。

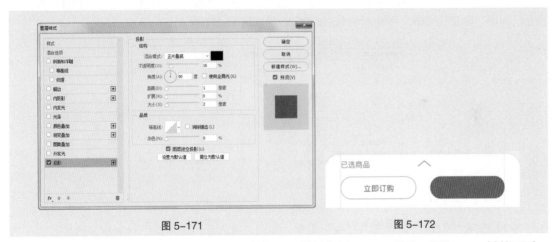

图 5-171　　　　　　　　　　　　图 5-172

（26）用相同的方法输入其他文字并添加投影，效果如图 5-173 所示。按住 Shift 键的同时，单击"圆角矩形 3"图层，将需要的图层同时选取，按 Ctrl+G 组合键群组图层，并将其命名为"购物车"。

图 5-173

（27）按 Ctrl+S 组合键，弹出"存储为"对话框，将其命名为"制作美食到家 App 食品详情页"，保存为 psd 格式。单击"保存"按钮，弹出"Photoshop 格式选项"对话框，单击"确定"按钮，将文件保存。美食到家 App 食品详情页制作完成。

美食到家 App 加入购物车页制作步骤在此不详述，读者可参照慕课视频进行操作。

制作美食到家 App 加入购物车　制作美食到家 App 购物车

6. 制作美食到家 App 购物车页

（1）按 Ctrl+N 组合键，弹出"新建文档"对话框，设置宽度为 750 像素，高度为 1 334 像素，分辨率为 72 像素 / 英寸，背景内容为灰色（239、241、244），如图 5-174 所示，单击"创建"按钮，完成文档的新建。

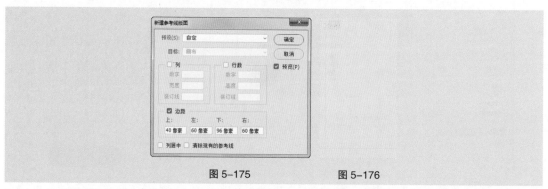

图 5-174

（2）选择"视图 > 新建参考线版面"命令，弹出"新建参考线版面"对话框，设置如图 5-175 所示。单击"确定"按钮，完成参考线的创建，效果如图 5-176 所示。

图 5-175　　　　　　　图 5-176

（3）选择"文件 > 置入嵌入对象"命令，弹出"置入嵌入的对象"对话框，选择云盘中的"Ch05 > 素材 > 制作美食到家 App > 制作美食到家 App 食品购物车页 > 01"文件，单击"置入"按钮，将图片置入到图像窗口中，拖曳到适当的位置并调整其大小，按 Enter 键确认操作，效果如图 5-177 所示，在"图层"控制面板中生成新的图层并将其命名为"状态栏"。

图 5-177

（4）选择"视图 > 新建参考线"命令，弹出"新建参考线"对话框，在 128 像素（距上方参考线 88 像素）的位置建立水平参考线，设置如图 5-178 所示。单击"确定"按钮，完成参考线的创建。

（5）按 Ctrl + O 组合键，打开云盘中的"Ch05 > 素材 > 制作美食到家 App > 制作美食到家 App 食品购物车页 > 02"文件，选择"移动"工具 ✛，将"返回"和"搜索"图形分别拖曳到适当的位置，效果如图 5-179 所示，在"图层"控制面板中分别生成新的形状图层。

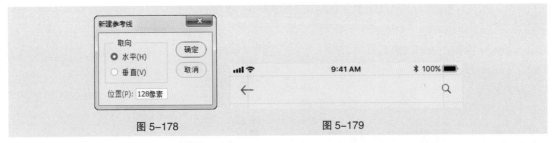

图 5-178　　　　　　　　　　　　　　　　图 5-179

（6）选择"横排文字"工具 **T**，在距离上方参考线 28 像素的位置输入需要的文字并选取文字。选择"窗口 > 字符"命令，打开"字符"面板，将"颜色"设为蓝黑色（45、64、87），其他选项的设置如图 5-180 所示，按 Enter 键确认操作，效果如图 5-181 所示，在"图层"控制面板中生成新的文字图层。

（7）按住 Shift 键的同时，单击"返回"图层，将需要的图层同时选取，按 Ctrl+G 组合键，群组图层并将其命名为"导航栏"。

图 5-180　　　　　　　　　　　　　　　　图 5-181

（8）选择"圆角矩形"工具 □，在属性栏中的"选择工具模式"选项中选择"形状"，将"半径"选项设为 36 像素，在适当的位置绘制圆角矩形。在属性栏中将"填充"颜色设为白色，"描边"颜色设为无，效果如图 5-182 所示，在"图层"控制面板中生成新的形状图层"圆角矩形 1"。在属性栏中将"半径"选项设为 40 像素，再次绘制一个圆角矩形。在属性栏中将"填充"颜色设为蓝黑色（45、64、87），"描边"颜色设为无，效果如图 5-183 所示，在"图层"控制面板中生成新的形状图层"圆角矩形 2"。

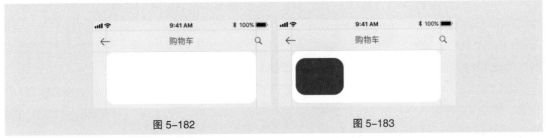

图 5-182　　　　　　　　　　　　　　　　图 5-183

（9）选择"文件 > 置入嵌入对象"命令，弹出"置入嵌入 的对象"对话框，选择云盘中的"Ch05 > 素材 > 制作美食到家 App > 制作美食到家 App 购物车页 > 03"文件，单击"置入"按钮，将图片置入到图像窗口中，拖曳到适当的位置并调整其大小，按 Enter 键确认操作，在"图层"控制面板中生成新的图层并将其命名为"图 1"。按 Alt+Ctrl+G 组合键，为"图 1"图层创建剪贴蒙版，效果如图 5-184 所示。

（10）选择"横排文字"工具 **T.**，在距离上方参考线 42 像素的位置输入需要的文字并选取文字。在"字符"面板中，将"颜色"设为蓝黑色（45、64、87），其他选项的设置如图 5-185 所示，按 Enter 键确认操作，效果如图 5-186 所示，在"图层"控制面板中生成新的文字图层。

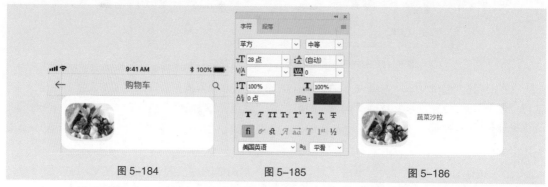

图 5-184　　　　　　　　　　图 5-185　　　　　　　　　　图 5-186

（11）用相同的方法再次输入需要的文字并选取文字。在"字符"面板中，将"颜色"设为灰色（166、166、166），其他选项的设置如图 5-187 所示，按 Enter 键确认操作，效果如图 5-188 所示，在"图层"控制面板中生成新的文字图层。

（12）在"02"图像窗口中，选择"移动"工具 **✛.**，将"关闭"图形拖曳到适当的位置，如图 5-189 所示，在"图层"控制面板中生成新的形状图层。用相同的方法，将"加"和"减"图形分别拖曳到距离上方文字 34 像素的位置，效果如图 5-190 所示，在"图层"控制面板中分别生成新的形状图层。

图 5-187　　　　　　　　图 5-188　　　　　　　　图 5-189　　　　　　　　图 5-190

（13）选择"横排文字"工具 **T.**，在距离上方文字 42 像素的位置输入需要的文字并选取文字。在"字符"面板中，将"颜色"设为蓝黑色（45、64、87），其他选项的设置如图 5-191 所示，按 Enter 键确认操作，效果如图 5-192 所示，在"图层"控制面板中生成新的文字图层。用相同的方法再次输入粉色（249、60、100）文字，效果如图 5-193 所示。

（14）按住 Shift 键的同时，单击"圆角矩形 1"图层，将需要的图层同时选取，按 Ctrl+G 组合键，群组图层并将其命名为"蔬菜沙拉"。用相同的方法制作"薯香披萨"图层组，如图 5-194 所示，效果如图 5-195 所示。

（15）选择"视图 > 新建参考线"命令，弹出"新建参考线"对话框，在 746 像素（距上方图形 162 像素）的位置建立水平参考线，设置如图 5-196 所示。单击"确定"按钮，完成参考线的创建。

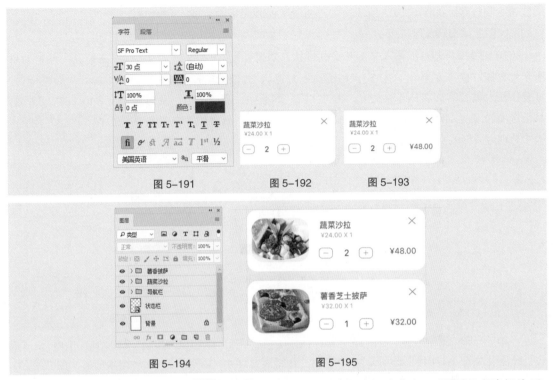

图 5-191   图 5-192   图 5-193

图 5-194   图 5-195

（16）选择"圆角矩形"工具 ▢，在属性栏中将"填充"颜色设为白色，"描边"颜色设为无，"半径"选项设为 40 像素。在距离上方形状 162 像素的位置绘制圆角矩形，如图 5-197 所示，在"图层"控制面板中生成新的形状图层"圆角矩形 3"。

（17）选择"横排文字"工具 T，在距离上方图形 48 像素的位置输入需要的文字并选取文字。在"字符"面板中，将"颜色"设为蓝黑色（45、64、87），其他选项的设置如图 5-198 所示，按 Enter 键确认操作，效果如图 5-199 所示，在"图层"控制面板中生成新的文字图层。用相同的方法再次输入灰色（151、151、151）文字，效果如图 5-200 所示。

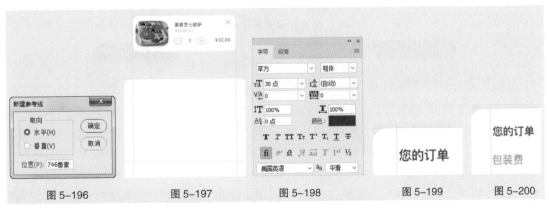

图 5-196   图 5-197   图 5-198   图 5-199   图 5-200

（18）用相同的方法再次输入灰色（151、151、151）文字，效果如图 5-201 所示。选择"直线"工具 ∕，在属性栏中将"填充"颜色设为无，"描边"颜色设为灰色（220、220、220），"粗细"选项设为 1 像素。按住 Shift 键的同时，在图像窗口中适当

图 5-201

的位置绘制直线，如图 5-202 所示，在"图层"控制面板中生成新的形状图层"形状 1"。

图 5-202

（19）用相同的方法输入文字并绘制形状，效果如图 5-203 所示。选择"横排文字"工具 **T.**，在距离上方形状 26 像素的位置分别输入需要的文字并选取文字。在"字符"面板中，将"颜色"设为蓝黑色（45、64、87），其他选项的设置如图 5-204 所示，按 Enter 键确认操作，效果如图 5-205 所示，在"图层"控制面板中分别生成新的文字图层。

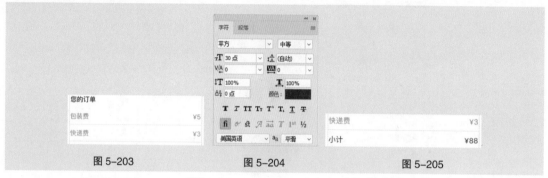

图 5-203　　　　　　　　　　图 5-204　　　　　　　　　　图 5-205

（20）选择"圆角矩形"工具 **□.**，在属性栏中将"填充"颜色设为粉色（249、60、100），"描边"颜色设为无，"半径"选项设为 40 像素。在距离文字 48 像素的位置绘制圆角矩形，在"图层"控制面板中生成新的形状图层"圆角矩形 4"，如图 5-206 所示。

（21）选择"横排文字"工具 **T.**，在适当位置输入需要的文字并选取文字。在"字符"面板中，将"颜色"设为白色，其他选项的设置如图 5-207 所示，按 Enter 键确认操作，效果如图 5-208 所示。

图 5-206　　　　　　　　　　图 5-207　　　　　　　　　　图 5-208

（22）按住 Shift 键的同时，单击"圆角矩形 3"图层，将需要的图层同时选取，按 Ctrl+G 组合键，群组图层并将其命名为"确认支付"，如图 5-209 所示。按住 Shift 键的同时，单击"蔬菜沙拉"图层组，将需要的图层组同时选取，按 Ctrl+G 组合键，群组图层并将其命名为"内容区"，如图 5-210 所示。

（23）选择"圆角矩形"工具 **□.**，在属性栏中将"半径"选项设为 24 像素，在适当的位置绘制圆角矩形。在属性栏中将"填充"颜色设为白色，"描边"颜色设为无，在"图层"控制面板中生成新的形状图层"圆角矩形 5"。

（24）单击"图层"控制面板下方的"添加图层样式"按钮 **fx.**，在弹出的菜单中选择"投影"命令，弹出对话框，将投影颜色设为黑色，其他选项的设置如图 5-211 所示，单击"确定"按钮，效果如图 5-212 所示。

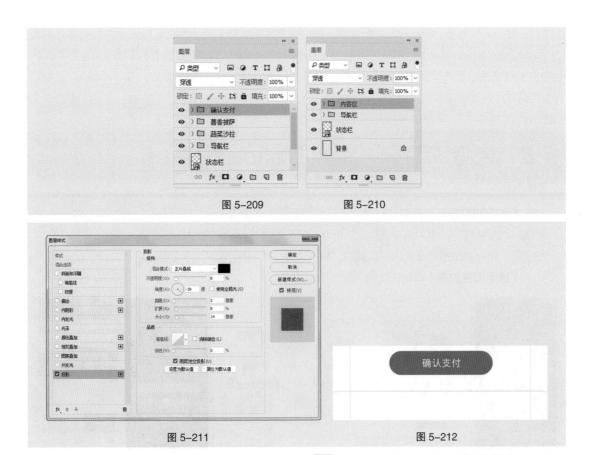

图 5-209　　　　　　　　　　　　　　　图 5-210

图 5-211　　　　　　　　　　　　　　　图 5-212

（25）在"02"图像窗口中，选择"移动"工具 ，将"主页"图形拖曳到适当的位置，如图 5-213 所示。

（26）选择"横排文字"工具 **T**，在距离上方图形 14 像素的位置输入需要的文字并选取文字。在"字符"面板中，将"颜色"设为灰色（129、140、154），其他选项的设置如图 5-214 所示，按 Enter 键确认操作，效果如图 5-215 所示。

图 5-213　　　　　　　　　图 5-214　　　　　　　　　图 5-215

（27）按住 Shift 键的同时，单击"主页"图层，将需要的图层同时选取，按 Ctrl+G 组合键，群组图层并将其命名为"主页"。用相同的方法制作"喜欢""购物车"和"我的"图层组，效果如图 5-216 所示。按住 Shift 键的同时，单击"圆角矩形 5"图层，

图 5-216

将需要的图层同时选取，按 Ctrl+G 组合键，群组图层并将其命名为"控制栏"。

（28）按 Ctrl+S 组合键，弹出"存储为"对话框，将其命名为"制作美食到家 App 购物车页"，保存为 psd 格式。单击"保存"按钮，弹出"Photoshop 格式选项"对话框，单击"确定"按钮，将文件保存。美食到家 App 购物车页制作完成。

5.8 课堂练习——制作 Delicacy App

【练习知识要点】使用"移动"工具移动素材，使用"椭圆"工具和"圆角矩形"工具绘制图形，使用"投影"和"渐变叠加"命令为图形添加效果，使用"置入"命令置入图片，使用"剪贴蒙版"命令调整图片显示区域，使用"横排文字"工具输入文字，效果如图 5-217 所示。

【效果所在位置】Ch05/ 效果 / 制作 Delicacy App。

图 5-217

5.9 | 课后习题——制作美食来了 App

【习题知识要点】使用"移动"工具移动素材，使用"椭圆"工具和"圆角矩形"工具绘制图形，使用"投影"和"渐变叠加"命令为图形添加效果，使用"置入"命令置入图片，使用"剪贴蒙版"命令调整图片显示区域，使用"横排文字"工具输入文字，效果如图 5-218 所示。

【效果所在位置】Ch05/ 效果 / 制作美食来了 App。

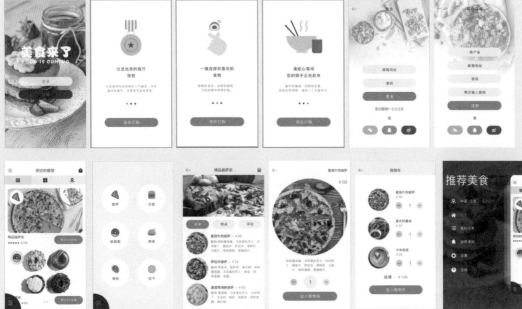

图 5-218

扩展知识扫码阅读

设计基础知识

1. 认识基本形体

2. 透视原理

3. 平面构成

4. 形式美法则

5. 点、线、面三大要素

6. 基本形与骨骼

7. 色彩

8. 图形创意方法

9. 版式设计

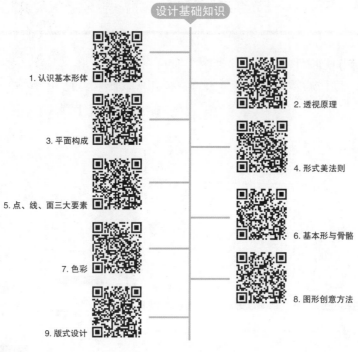

设计应用知识

1. 图标设计

图标的概念　图标的设计流程　图标的设计原则

图标的设计规范　图标的风格类型

2. APP 界面设计

APP 的概念　APP 设计的流程　APP 设计的原则

iOS 系统设计规范　Android 设计规范　APP 常用界面类型

3. 招贴广告设计

4. 电商网店设计

Photoshop 在电商中的应用　淘宝店铺各模块图片尺寸及具体要求　网店首页各元素的设计　商品详情页面各元素设计

5. 书籍设计

6. 包装设计

7. 网页设计